Vom selben Verfasser erschienen:

Kosmetik. Heft 203 der Virchow-Holtzendorffschen Vorträge. Neue Folge. Neunte Serie. Hamburg, Verlagsanstalt und Druckerei A.-G. (vormals J. F. Richter). 1894.

Frauen im Reiche Aesculaps. Ein Versuch zur Geschichte der Frau in der Medizin und Pharmazie. Leipzig, Ernst Günther. 1900.

Geschichte der Pharmazie. Berlin, Julius Springer. 1904.

Pflanzensammlungen und Kräuterbücher. Cassel 1905.

Pharmakognostische Karte zu den Arzneibüchern Europas. 2. Auflage. Leipzig-Wien, Freytag & Berndt.

Zur Geschichte
der
Pharmazeutisch-Chemischen
Destilliergeräte

von

Hermann Schelenz.

MIT VIELEN ABBILDUNGEN IM TEXT.

Alle Rechte vorbehalten.

ISBN 978-3-642-98267-5   ISBN 978-3-642-99078-6 (eBook)
DOI 10.1007/ 978-3-642-99078-6

Softcover reprint of the hardcover 1st edition 1911

Vorwort.

Nur mit nicht unerheblichen eigenen Opfern war vor 6 Jahren die Herausgabe meiner „Geschichte der Pharmazie" zu ermöglichen. Die Umstände, die sich solchem Beginnen entgegenstemmten, sind wohl noch mächtiger geworden. Sie zwangen mich, statt meine seit Jahren angesammelten Vorarbeiten als „Geschichte der pharmazeutisch-chemischen Geräte" der Öffentlichkeit mitzuteilen, die Herausgabe in kleineren Abschnitten zu versuchen. Eine Einleitung, ihre Urgeschichte, brachte im Jahre 1907 die „Pharmazeutische Zentralhalle" in Dresden, und dem überaus liebenswürdigen Entgegenkommen der Herren Schimmel & Co. in Miltitz, die der Wissenschaft nicht nur durch ihre vortrefflichen Halbjahresberichte, sondern auch durch die Herausgabe des im Jahre 1899 zum ersten Male erschienenen und jetzt zum zweiten Male aufgelegten, auch die Geschichte behandelnden Werkes „Die ätherischen Öle" von E. Gildemeister und Fr. Hoffmann[*]) dienten und dienen, verdanke ich jetzt, daß ich die vorliegende Arbeit nicht nur als Beilage zu den gedachten Berichten, sondern auch im Buchhandel der breiten Öffentlichkeit darbieten kann.

Daß Deutschlands Handel und Gewerbe auf der Welt voran ist, verdankt es der Einsicht, daß beide auf dem Grunde der Wissenschaft schaffen müssen, daß sie sie als Helferin nicht entbehren können. In werktätiger Dankbarkeit stehen beide ihr zur Seite. Ein Mäzenatentum aber, wie das eben erwähnte, die Ausübung eines solchen nobile officium ist doch wohl

---

[*]) 1900 erschien in Milwaukee eine von Edward Kremers in Madison besorgte englische Bearbeitung unter dem Titel "The volatile oils" unter denselben Auspizien.

unendlich selten, und es ist um so schätzenswerter, als es sich um das Werk eines völlig abgesondert stehenden, weder durch Amt noch Titel legitimierten Privatgelehrten handelt. Auch an dieser Stelle spreche ich den Herren meinen verbindlichsten Dank für das mir bezeigte und von mir als Ehre empfundene Wohlwollen aus.

Daß ich keine eingehende Geschichte der Destilliergeräte schreiben wollte und konnte, braucht kaum bemerkt zu werden. Nur die Merksteine auf dem Wege ihrer Entwicklung durfte ich vorführen. Trotzdem ich auch in dieser Arbeit im Grunde wieder das nicht eben erhebende Wort „Es ist alles schon dagewesen" als berechtigt nachweise, so hoffe ich doch, daß sie sich Freunde erwirbt. Was sie als der Verbesserung, der Ergänzung bedürftig ansehen, bitte ich mir mitzuteilen.

Zur leichteren Benutzung und um das Werkchen möglichst nützlich zu gestalten, gab ich ihm ein eingehendes Inhaltsverzeichnis mit auf den Weg.

Cassel, im April 1911.

Hermann Schelenz.

Es kann dem Naturmenschen, der jedenfalls Alles, was ihm auffiel, dem Kinde gleich unbewußt auch zum Munde führte, um es zu untersuchen, nicht entgangen sein, daß manche Pflanzen und Pflanzenteile sich durch bittern oder säuerlichen, andre durch einen auffällig kühlenden Geschmack auszeichneten, und letzte Eigenschaft, noch mehr ein kaum je fehlender Begleitumstand, ein nachhaltiger Duft mußte dem wohl empfindlichsten Sinnesorgan, der Nase, aufgefallen sein. Ja sie mag in solchen Fällen den Menschen erst auf die Spur solcher Gewächse geführt haben.[1]) Unbewußter Trieb leitete ihn sicher dazu, solche duftende Pflanzenteile, gleich dem Salz, zu Würzzwecken seiner urwüchsigen Nahrung zuzusetzen und später zu Arzneizwecken zu benutzen. Das Hantieren mit ihnen mußte lehren, daß die riechenden Teile beim Reiben sich den Händen mitteilten und an ihnen haften blieben, daß sie in gewissen Teilen vorwiegend vorhanden waren, beim Zerbrechen oder Zerreiben aus den Schalen citronenähnlicher Früchte z. B. herausspritzten oder hervortropften, daß sie in wäßrige Auszüge übergingen, daß, wenn diese Ruchstoffe erhitzt wurden, sie sich verflüchtigten, in Dampfform aufwärtsstiegen, und daß sie das ebenfalls taten, daß sie sich den Dämpfen mitteilten, wenn wäßrige Pflanzenauszüge zum Verdampfen gebracht wurden.

Die urwüchsige Hütte, die sich über dem Herde, dem Wahrzeichen, dem Mittel- und Kernpunkt der Wohnstätte erhob, gab dem Menschen, richtiger der Frau, der das Walten am Herdfeuer, das Priestertum des Herdes zufiel und in übertragener und erweiterter Bedeutung noch zufällt, vollauf Gelegenheit, die tappenden allerersten, dann zielbewußt weitere Versuche auf dem Gebiete der Naturlehre, der Küchenchemie, der Grundlage unsrer Chemie anzustellen. Es konnte ihr nicht entgehen, daß der Rauch harzreicher Hölzer sich zum guten Teil in Gestalt fester Stoffe, als (Ruß) $\lambda\iota\gamma\nu\dot{\upsilon}\varsigma$[2]), wie er später zur Bereitung des $\mu\acute{\epsilon}\lambda\alpha\nu$ $\gamma\varrho\alpha\varphi\iota\varkappa\grave{o}\nu$, des *Atramentum librarium*, der Tinte gebraucht wurde (Dioskor. 1,86), an

---

[1]) Erinnert sei an die vortreffliche Nase der Hunde, an die Vorliebe der Taube für Anis, die der Bienen und Schmetterlinge für wohlriechende, die mancher Fliegen für stinkende (Aas-)Pflanzen, ferner daran, daß Katzen sich auf dem ihnen angenehmen Baldrian, Hunde auf starkriechendem Käse oder faulendem Blut wälzen, um sich geradezu zu parfümieren.

[2]) Vgl. hierzu die sagenförmige Überlieferung von dem Vorkommen von Ammonium (Carbonat) in dem Ruß über dem Feuer aus Kameldünger in der Oase des Jupiter Ammon.

der Unterseite des Blattdaches absetzte, während in Sonderheit feuchtes Brennmaterial heller gefärbte Verbrennungsstoffe gab, die (so weit sie nicht durch die Öffnungen in die Luft strömten, die unterseits, da wo das Dach auf den Wänden auflag, gelassen waren, oder durch die, welche an der höchsten Stelle ausgespart war), tropfbar flüssig sich festsetzten und, besonders wenn Regen das Dach außen kühlte, regellos heruntertropften (destillierten), wenn nicht der Zufall, später der ihn zum Zweck gestaltende Mensch die einzelnen Tropfen in irgendeiner Art, durch Überstehenlassen des Daches, durch Anbringen eines vorspringenden Holzteiles, der die Tropfen zum Zusammenlaufen zwang, durch eine Rinne nach einer bestimmten Stelle hin ableitete.

Ganz ähnlich vollzog sich in den Wohnräumen der Höhlenbewohner die Entwicklung des Dampfes, seine Verdichtung, die Kondensation, das Tropfbarflüssigwerden an den festgeschlossenen Decken und Wänden der Höhle, und viel deutlicher mußten diese Erscheinungen und erst recht das Destillieren, das Herabträufeln von der Decke und das Herabrinnen an den Wänden vor Augen treten, und es muß ihn geradezu zum Anlegen von Rinnen gezwungen haben.

Dafür, daß der Mensch sich das Weltall seiner engen Behausung ähnlich gestaltete, daß er sich die staunenerregenden Vorgänge darin so erklärte wie die ihm täglich vor Augen tretenden in seiner Hütte, ist erklärlich. Die Überlieferungen uralter Völker (vgl. die der Bibel) und ihr Wortschatz beweisen das ebenso wie die uns geläufige Muttersprache. Über dem Erdboden breitet sich des Himmels [mit der Vorbedeutung des deckenden, des Dachs] Zelt oder Gewölbe [eine bogenförmige Bedeckung. Wölben steht dem griechischen $\varkappa \acute{o} \lambda \pi o \varsigma$, Busen sprachlich nahe], das *Coelum* [von $\varkappa o \tilde{\iota} \lambda o \varsigma$, hohl], das *Firmamentum* [die Feste des Himmels], der $o \mathring{v} \varrho a \nu \grave{o} \varsigma$ [sanskr. *Varunas*, der Gott des Wassers]. Gebildet ist diese Decke, dieses Dach von den Wolken [vielleicht von einer vorgerm. Wurzel, welge-feucht], dem Nebel [altd. *Nifl*, wie das griech. $\nu \varepsilon \varphi \acute{\varepsilon} \lambda \eta$ und lat. *nubes*, eines Stammes].

Der Mensch mußte beobachten, wie sich Feuchtigkeit aus dem Boden, aus Wasserläufen und den Seen in Gestalt von Dunst, Nebel, Wolken aufwärts hob,
       daß Samen des Wassers
Sich mit den Wolken zugleich aus allen vorhandenen Dingen
 häufig erhebet[1)],   und daß
Das Wasser auf Erden, das der Flüsse und Meere
Löst sich in leichte, flüchtige Teil' auf,
Die nicht fähig man ist, mit der Schärfe des Auges zu fassen
 und daß es sich sammelt
Hoch in den Wolken und stürzt als fließender Regen nieder zur Erde.

[1)] Lucrez, Von der Natur der Dinge, VI., 470 ff.

Gleiche, geradezu Uransichten spiegeln sich auch wieder in dem, was Plinius im zweiten Buch über die Entstehung des Hagels aus gefrorenem Regen, des Reifs und des lockern Schnees aus Nebel mitteilt und was ihm und andern klassischen Vorbildern Megenberg[1]) nacherzählt:

Von dem Regen [wohl mit βρέχειν, dann lat. *rigare*, benetzen zusammenhängend], τὸ ἐξ οὐρανοῦ ὕδωρ, lat, *pluvius* [von pluo, mit fluo und πλύνω zusammenhängend].

Er kumpt von wäzzrigem dunst, den der sunnen hitz auf hât gezogen in daz mitel reich des luftes, wann von der Kelten, diu dâ ist, entsleuzt

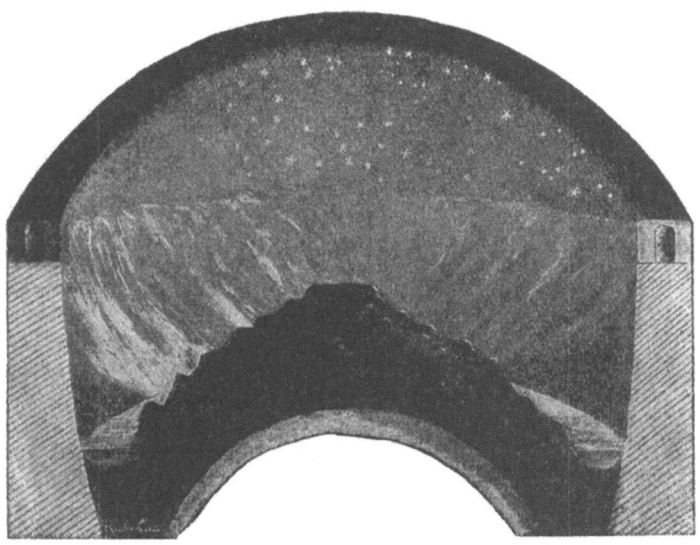

Abb. 1. Die Welt nach der alten Chalder Vorstellung.

sich der dunst wider in wazzer, der von dem wallenden hafen (dem kochenden Topf) gêt ob dem feur: wenn der dunst die kalten eisneinne [eisernen] hafendecken rüert, sô entsleuzt er sich in wazzers tropfen[2]).

Folgerecht erzählt derselbe Verfasser vom Tau [sanskr. dhaw, rinnen], lat. *Ros*, griech. ῥόσος [alles, was rinnt][3]).

Er wird aus gar behendem zartem wäzzrigem luft, der sô lind und zart ist, daz er die Kelten des miteln reichs des luftes nicht erleiden mag.

Wie die Welt nach der alten Chalder Vorstellung in ihrer ganzen Eigenart ausschaute, zeigt Abb. 1, wie das Mittelalter sie, das Universum, den Makrokosmos (nach Aristoteles) stilisiert, darstellte die weitere.

---
[1]) Konrad v. Megenberg, Das Buch der Natur, herausgegeben von Dr. Franz Pfeiffer. Stuttgart, Karl Aue, 1861.
[2]) S. 81, 5ff.
[3]) S. 83, 18 ff.

Ganz dieselben Uransichten führten, abgesehen davon, daß sie sich ebenfalls in den Göttersagen des Altertums erkennen lassen, schließlich auch zu den Anschauungen der alten Philosophen über das All, das Universum, das aus einer Einheit, einem Grundprinzip, einem Urgrund aller Dinge [gewandelt] entstanden ist. Immerhin mit einiger Berechtigung, weil gestützt auf mancherlei Erfahrung, konnte Thales von Milet (640—550 v. Chr.) aussprechen, daß das Wasser das Prinzip, das Erste, der Urgrund des Alls wäre, daß aus ihm Alles entstanden sei. Und weiter war Heraklit ebenso berechtigt, auf Grund ähnlicher Beobachtungen zu erklären, daß πάντα ῥεῖ, daß das All in ewigem Fluß, in unterbrochener Bewegung und Wandlung, daß im übrigen das ruhelose, züngelnde, flackernde Feuer die stetige Kraft sei, die da die Zersetzung, Wandlung, und die Belebung durch seine Wärme hervorrufe. Es sind das Grundlagen, die in weiterer Entwicklung Empedokles (495—435 v. Chr.) dazu führten, die vier Elemente, Wasser, Feuer, Luft und Erde, als die Grundlagen des Alls anzusehen, die durch eine entfremdende Macht, νεῖκος, zur Trennung und Zersetzung, durch eine befreundende, φιλία, zur Verbindung veranlaßt würden. In Platos Lehre von der Verwandtschaft des Ähnlichen (die

Abb. 2. Das Universum nach Ryff.

auf dem Gebiete der Arzneikunde, übrigens auch im Opferkultus in dem *Similia similibus* und der späteren Lehre von den *Signa naturae* praktische Erfüllung fanden) aus dem Kreislauf der Elemente von oben nach unten und umgekehrt (mit dem Symbol des Ringes des Platon, der goldenen Kette des Zeus, des Homers, später des *Superius et inferius Hermetis*)[1] fanden sie weiteren Ausbau. Auf ihnen fußte noch lange die Wissenschaft von dem Bau, dem Werden und der Art der Welt (in naiver Art stellt sie die Abbildung 2 aus dem XVI. Jahrhundert dar), und aus ihnen folgte die Annahme der Möglichkeit des Übergangs eines Stoffes in den andern, der Transmutation, die das Alchemistentum späterer Zeit im Auge hatte, und die scheinbar ja von den alten Metallurgen erreicht wurde, wenn sie (Zink-, Zinn-, Arsen-, Kupfer-, Antimon-)Erze, die ja offensichtlich mit Gold gar nichts zu tun hatten, in ein Metall verwandelten, das wenigstens

---

[1] Vgl. unten die griechische Erklärung der alten Destilliergeräte S. 24.

dem Äußern nach Gold war. Vgl. den betr. Abschnitt in meiner „Geschichte der Pharmacie".

Schon das Leben im allerersten Urzustand, in der flüchtig aufgebauten Hütte konnte und muß den Menschen, wie schon gesagt, einige „phytochemische" Entdeckungen machen gelassen haben. Er mußte gewahr werden, daß manches Holz kienig war, d. h. daß Harz schon zu gewöhnlicher Zeit aus Verletzungen heraustrat, noch mehr, wenn es erwärmt und angezündet wurde, daß es an der Luft erhärtete, daß solche Hölzer leicht entzündbar, mit leuchtender, wabernder Lohe[1]) brannten, die vortrefflich für Leuchtzwecke und zum Verscheuchen wilder Tiere gebraucht werden konnte, daß Verbrennungsgase entstanden, die ätzend rochen und ätzend riechende und schmeckende Flüssigkeiten absetzten, die wie die Gase selbst auf tierische Stoffe erhaltend (fäulniswidrig) wirkten, daß weiter aus solcher Lohe reichlich der schon erwähnte Ruß sich absetzte, und Holz ganz im allgemeinen unter gewissen Umständen, wenn die Verbrennung z. B. durch aufliegende Asche oder sonst wie beeinträchtigt wurde, im wesentlichen seine Form behielt, aber schwarz wurde und eine Kohle gab, die flammenlos brannte[2]) und dem Verfaulen völlig widerstand.

Die Richtigkeit solcher Annahme beweisen Ausgrabungen aus uralter Zeit, beweist das Tun und Treiben zeitgenössischer „Wilder", beweist der in Betracht kommende Wortschatz, von dem nur der klassische, selbstverständlich auf eine lange Reihe von Vorläufern, auf eine lange Geschichte zurückblickende erwähnt werden soll. Auf das griechische $\varrho\eta\tau\acute{\iota}\nu\eta$ und $\varrho\eta\tau\iota\nu\acute{\omega}\delta\eta\varsigma$ ist das lateinische *Resina* und *resinosus*, Harz und harzig, zurückzuführen. *Fumus*, $\varkappa\acute{\alpha}\pi\nu o\varsigma$ sind die Worte für Rauch. Aus ihm setzt sich *Fuligo* [wie *fumus* von einem alten Stamm *fu*], $\alpha\check{\iota}\vartheta\alpha\lambda o\varsigma$, $\check{\alpha}\sigma\beta o\lambda o\varsigma$, $\lambda\iota\gamma\nu\grave{\upsilon}\varsigma$ Ruß ab. Im *Fumarium* wurde z. B. Wein altern und haltbar gemacht, Fleisch durch *fumo siccare*, durch $\varkappa\alpha\pi\nu\acute{\iota}\zeta\epsilon\iota\nu$ und $\tau\epsilon\varrho\sigma\alpha\acute{\iota}\nu\epsilon\iota\nu$ [zum $\tau\acute{\alpha}\varrho\iota\chi o\varsigma$] gedörrt oder geräuchert. Aus Kienholz, *Taeda* und $\pi\epsilon\acute{\upsilon}\varkappa\eta$ wurde die Kienfackel, *taeda* [sprachlich verwandt mit] $\delta\alpha\acute{\iota}\varsigma$ oder $\delta\acute{\alpha}\varsigma$ gespalten und geschnitzt, aus der man Harz oder Pech *pix*, $\pi\acute{\iota}\sigma\sigma\alpha$ wie eine Träne, *lacrima*, $\delta\acute{\alpha}\varkappa\varrho\upsilon(o\nu)$ ausschwitzen, *exsudare, lacrimare*, $\dot{\epsilon}\varkappa\delta\alpha\varkappa\varrho\acute{\upsilon}\epsilon\iota\nu$ sah usw.[3]), wie man das übrigens bei einer Menge von als Arznei- und Rauchmitteln gebrauchten Harzen, Gummiharzen usw., bei *Myrrha, Euphorbium, Ladanum, Opium* usw. genugsam beobachtet hatte. Daß auch das Austreten von Pflanzen-Gummi und Gummiharzen beobachtet wurde, sei nebenbei bemerkt. Lange war ja *Gummi (arabicum)* und *Scammonium* bekannt.

---

[1]) Darüber vgl. Plinius 16, 19.

[2]) Daß der Kohlendampf, wohl Kohlenoxydgas, giftig wirkte, berichtet schon Aristoteles, ihm nach Lucretius Carus usw.

[3]) Das Darstellen von Fackeln, die schließlich auch unterseits in Teer oder Pech getaucht wurden, wie das von $\pi\upsilon\varrho\epsilon\tilde{\iota}\alpha$, *igniaria*, Feuerzeugen wurde jedenfalls schon in großem Maßstabe betrieben.

Kaum wesentlich bessere Lebensverhältnisse waren für Zunahme chemisch-technischer Erkenntnis nötig. Auf hier und dort angezündeten Lagerfeuern, dann auf dem fest abgegrenztem, schließlich erhöhten Herde machte der Mensch seine ersten küchen-, phyto-, iatro- und technisch-chemischen Beobachtungen. Blinder Zufall lehrte ihn dort die Anfänge der Keramik, der Töpferkunst. Lange jedenfalls bevor der Wilde an ein überirdisches, übersinnliches Wesen, eine Gottheit, dachte, die das All geschaffen, mit der er durch himmelwärts steigenden Brandgeruch glaubte in eine Art persönliche Verbindung treten zu können, um von ihr Gaben „*per fumum*" und Erlaß von Strafen zu erbitten, nach Gebilden aus der tierischen und pflanzlichen Umwelt (wie ich das in einer früheren Arbeit geschildert habe) formte er seine Tongeräte. Nach dem Muster unzweifelhaft der Hütte, in der er die Destillation des Holzes hatte beobachten müssen, oder nach dem Muster des Alls, wie er es sich dachte (vgl. die Abbildung 1), richtete er sich ganz unzweifelhaft bei der Konstruktion, dem Aufbau der ersten Vorrichtungen oder Geräte, deren er sich bediente, als er sie zielbewußt vornahm (und nicht wie Höfler, m. E. allzusehr aufgehend in seinen geradezu klassisch verarbeiteten Anschauungen über das Opferwesen[1]), das schildert).

Solche Geräte waren jedenfalls nötig, um die Grundlagen für unsre moderne Destillation zu entdecken. Denn solange war die Hüterin der Küche lediglich auf, modern gesprochen, pyrochemische Arbeiten angewiesen, auf Verdaulichmachen der tierischen und pflanzlichen Produkte durch Dörren, Rösten, Braten, Backen, durch $\partial \pi \tau \tilde{\alpha} \nu$ [Partizip $\partial \pi \tau \delta \varsigma$ für $\pi o \pi \tau \delta \varsigma$, Stamm $\pi \varepsilon \pi$ in $\pi \varepsilon \sigma \sigma \omega$, das wir in unserm peptisch, Pepton, Pepsin wiederfinden], lat. *coquere*, d. h. durch Feuer gar machen [letzteres Wort brauchte Rom für alle mögliche chemisch-technische Feuerarbeit, Ziegel-, Kalk-, Kohle-Brennen, für Härten, Silberausschmelzen usw.], *concoquere*, durch (den Einfluß einer Magenabsonderung, des Pepsin, und die) Körperwärme gar machen, verdauen.

Erst beim Erhitzen der Milch, dem vermutlich allerersten Kochversuch[2]) wird die am Herd hantierende Frau erfahren haben, daß die am Deckel sich festsetzende Flüssigkeit wasserklar, anders wie die Milch aussah und schmeckte, dann daß Würzstoffe, mit Wasser gekocht, dem Dampfe und dem durch Abkühlung daraus verdichteten Wasser ihre

---

[1]) In „Die volkstümliche Organtherapie", Stuttgart, Berlin, Leipzig 1908, S. 15, sagt er: Der Brandopfergeruch sollte durch keine andre Feuerunterlage beeinträchtigt werden. Im Laufe der Zeit verwandelte sich der Opferaltar aus Ziegelsteinen in einen irdenen Hafen und dieser mit der Zeit in den Destillier-Helm des mittelalterlichen Chemikers, der seinen Vorläufer haben dürfte in dem Weihrauchruß liefernden Ziegelerdetiegel mit Deckel, wie ihn Dioskorides I, 84 schilderte, daß diese Wandlungen wirklich nicht in Frage kommen, dürfte jeder Leser ohne weiteres zugeben.

[2]) Vgl. meine erste Arbeit „Zur Geschichte der chemischen Geräte", Pharmaz. Zentralhalle 1907, 36 ff.

Riechstoffe abgaben[1]), und andere hierher gehörige phytochemische Tatsachen[2]).

Andere als Küchengeräte konnten — wie sie im übrigen auch jetzt noch völlig selbstverständlich in der chemischen Technik verwandt werden — für die ersten Destillationen nicht in Anwendung gezogen werden, und sie wurden später in zweckdienlicher Art um- und ausgestaltet.

Für die vermutlich allererste, die Holzdestillation konnte man eines Geräts völlig entraten. Der erste, der meines Wissens eine solche, übrigens aufs eingehendste beschreibt, ist Theophrast, geboren 370 v. Chr. in Eresos auf Lesbos. Er stützt sich vermutlich auf eigene Anschauung, dabei doch unzweifelhaft auf eine Arbeitsart, die auf frühere Jahrhunderte, Jahrtausende alte Erfahrung zurückblicken kann. Er beschreibt[3]) das Kohlenbrennen folgendermaßen:

In einer tennenähnlich gestampften, vermutlich nach der Mitte hin flach trichterförmig geneigten, der Herdplatte entsprechenden Fläche war

Abb. 3. Kohlenmeiler.

in der Mitte eine Vertiefung [συρροή von συρρέω, zusammenfließen] angebracht, wohinein die flüssigen Schwelprodukte zusammenlaufen sollten. Von ihr aus ging ein ὄχετος, eine vermutlich oder jedenfalls unterirdische Röhre, ein *Canalis* etwa 16 Ellen weit, und endigte dort, also außerhalb des Meilers in einer Auffanggrube. In ihr sammelten sich die flüssigen Destillationsprodukte, und in ihr setzten sich nach dem Abkühlen die einzelnen Bestandteile, flüssiger Teer, Teerwasser, Holzessig usw. ab.

---

[1]) Daß die Kunst des Salbenbereitens, die Pharmacie, von Köchen in den ägyptischen Tempeln in ihrer Grundlage festgelegt wurde, behauptet auch Plutarch. „Die Küchenkunst ist für uns (Chemiker) in vieler Beziehung äußerst nützlich", sagt eine 300 n. Chr. in Ägypten abgefaßte Abhandlung. Die Arbeiten von Coelius Apicius haben jedenfalls auch pharmazeutischen oder phytochemischen Wert. Der Titel „*Opus mulierum*", für ein alchemistisches Werk von 1550, soll jedenfalls, hier allerdings unzweifelhaft spottend, an grundlegendes Frauenwerk erinnern, d. h. an Küchenarbeit.

[2]) Vgl. weiter unten, daß Megenberg erklärt: der dunst von rosen oder wein prennen in wazzer entsleuzt, daz selbig wazzer von dem ding smeckt, dâ von der dunst kommt. Vgl. ev. auch oben S. 5.

[3]) *Historia plantarum*, Buch IX, 1, 3, vgl. Plinius 16, 8.

— 10 —

Hören wir weiter, daß das auf der Tenne stehend aufgehäufte Spaltholz außen mit Erde, Lehm oder Rasenstücken, wie mit einem Deckel oder Dach soweit bedecktgehalten ward, daß nur soviel Luft zutreten konnte, auf daß in dem πνιγεὺς, der σύνθεσις oder allgemein dem κάμινος, dem Calyx, in dem Kohlenmeiler, mit Hilfe dessen der ἀνθρακεὺς oder ἀνθρακαύτης, der Carbonarius das Carbones coquere vornahm, das Brennen eben unterhalten, eine Verbrennung aber vermieden wurde, so erkennen wir in dieser Vorrichtung, wie sie noch jetzt wohl hier und dort von Köhlern aufgebaut und betrieben wird, die wesentlichsten Teile eines Destilliergeräts: ein Gefäß zur Aufnahme des Destillierguts, einen Deckel, ein Ablaufrohr, ein Auffanggefäß.

Daß solche Industrie im Altertum bekannt war, beweisen die oben angeführten Namen für die Rohstoffe und die Erzeugnisse aus ihnen, beweisen die Ausdrücke für die betreffende Arbeit des πιττουργὸς, der aus Kiefern-, Fichten-, Cypressen-, Wacholder-, Zedern-Holz[1]) *picem coquit*, in der πιττουργία oder dem πιττουργεῖον, der *officina picaria* und ebenda das Pech und Pechöl, *Pisselaion*, feilhielt.

Daß die Industrie wirklich im Großen betrieben wurde und manche Gegenden oder Orte geradezu durch sie bekannt waren, bezeugen wieder Dioskorides und Plinius[2]) auf Grund zumeist jedenfalls noch älterer Autoren[3]) dann eigner Wahrnehmungen in Buch 1, K. 92. Plinius spricht von dem flüssigen Kiefern- und Fichtenharz aus Gallien (jedenfalls Südfrankreich, welches noch viel Terpentin liefert), Tyrrhenien (am Tyrrhenischen Meer, der Westküste Italiens), Galatia (jedenfalls im nördlichen Kleinasien; vielleicht Ober-Italien?) und in Kolophon, einer jonischen Stadt (eine der vorgeblichen Geburtsorte Homers, nach der noch jetzt dem Harz sein Name gegeben wird). Das feinste, durchscheinende, harte kam von der Insel Pityusa [die Spanien benachbarte Mittelmeer-Insel, die wie die Stadt Pitueia in Mysien ihren Namen von ihrem Reichtum an Fichten, πίτυς, erhalten hat]. Seine Darstellung, die nicht hierher gehört, beschreibt derselbe Schriftsteller im folgenden Kapitel 93.

Das Gerät, das man auf Grund solcher Kohlenbrenn-Erfahrung, dann unter Anlehnung an die Hütte und das auf seinem Herde gebrauchte Gerät[4]) in Benutzung ziehen oder anfertigen konnte und mußte, finden

---

[1]) Plinius 16, 16, 19, 23. 14, 25. Die jeweilige Arbeit dauerte zwei Tage. Wächter paßten auf, Flammenausbruch zu verhüten, Gebete wurden gesprochen, um von den Göttern Segen für die Arbeit zu erflehen. Theophr. l. cit.

[2]) Pech wurde zum verpichen von (Wein-) Fässern und Tongefäßen *(vasa* und *dolia picata)*, und neben Gips zum verschließen (14, 27. 15, 18. Cato r. r. 25. Columella 14, 4, 4. Horaz, Carm. 3, 8, 10. Martial 13, 107), Teer zum Dichten der Schiffe und der Hausdächer (Plin. 16, 23. Dioskor. 1, 98. Plin. 36) verwandt.

[3]) Vgl. über ihre Vorläufer meine Gesch. d. Pharmacie, S. 194.

[4]) Die für seine Darstellungen gebrauchten tierischen oder pflanzlichen Urformen kommen praktisch hier nicht mehr in Betracht. Nur ihre noch gebrauchten Namen erinnern an sie.

wir bei Dioskorides bei Arbeiten beschrieben, die, weil es sich um ein festes Destillationsprodukt handelt, wir eine Sublimation nennen würden, dann bei Plinius bei der Beschreibung der nach moderner Bezeichnung trocknen Destillation von Teer und Holzessig, einer verfeinerten Kohlenbrennerei.

Dioskorides läßt, um Weihrauchruß, $αἰθάλη$ $λιβανωτοῦ$, zu bereiten[1]), einen irdenen Grapen oder Tiegel so mit einem kupfernen in der Mitte durchbohrten, gewölbten Gefäß bedecken, daß dieses, von einigen Steinchen am Rande unterstützt, genügend großen Zwischenraum läßt, um durch ihn hindurch mit einer Zange, vorher in Brand gesetzte Stückchen Weihrauch in den Grapen zu legen. Es ist das ein Gerät, das, einer Hütte im Kleinen ähnlich, bedeckt ist mit einem Dach, das, wie in den Uranfängen des Hausbaus und noch in den hochkultivierten Zeiten des Unglücks von Pompeji, mitten ein Loch zur Ventilation und zum Durchlassen des Rauchs hatte (Vgl. oben S. 4).

Wenn Dioskorides an gleicher Stelle empfiehlt, den Kupferdeckel mittels eines großen wassergetränkten Schwammes zu kühlen, so erinnert diese Oberflächenkühlung wieder an den auf das Dach prasselnden kühlenden Regen.

Auch um Sublimationen handelt es sich bei der Darstellung der $καδμεία$, eines unreinen Zinkoxyds, das sich bei der Verhüttung von Kupfer- und Silbererzen an der Decke der Schmelzöfen ansetzt und für dessen Auffangen man später spitz zulaufende eiserne Auffangerohre, *Acestides*, $ἀκεστίδες$ anbrachte[2]). Daß diese Destillation oder Sublimation jedenfalls in recht großem Maßstabe, in Häusern und Kammern vorgenommen wurde, belegt die folgende Beschreibung:

Hüttenrauch, (Pompholyx) sieht fettigweiß aus. Er ist so leicht, daß es in die Luft fliegt. Eine Art ist fettigbläulich, die andre reinweiß, äußerst leicht. Erstere entsteht, wenn die Hüttenleute feine gestoßene Kadmeia (bei der Verhüttung des Kupfers in den Akestiden sich ansetzend, Dioskor. 5, 84) in größerer Menge aufschütten. Der daraus aufsteigende, sehr fein verteilte Rauch wird Pompholyx genannt. Nicht allein aus dem (zinkhaltigen) Kupfererz wird Pompholyx bereitet, sondern auch aus Kadmeia. (Dasselbe berührt auch Galen auf Grund eigner Anschauung auf Cypern, IX, 625: $πομφόλυξ$ $γένεται$ $μὲν$ $καὶ$ $κατὰ$ $τοῦ$ $χαλκοῦ$ $καμινείαν$ $ὥσπερ$ $καὶ$ $ἡ$ $καδμεία$): In einem zweistöckigen Hause wird unten ein Schmelzofen gebaut; mit dem oberen Stockwerk, das Löcher oder Schornsteine zur Abführung des Rauchs hat, steht er durch eine Öffnung in Verbindung. Seitwärts hat der Raum mit dem

---

[1]) Buch 1, 84. Ruß aus Teer, $λιγνὺς$ $ἐξ$ $ὑγρᾶς$ $πίσσης$ fängt er in einem $κλίβανος$, einem pfannenähnlichen Gefäß auf, das über die Flamme von in einer Lampe mit Docht brennendem Teer gehalten wird, eine Vorrichtung, die wieder an die Hütte mit dem unter dem Dach qualmenden Feuer gemahnt.

[2]) Dioskorides 5, 96. Plinius 34, 22.

Schmelzofen eine Öffnung, durch die die Düsen aus Blasebälgen Luft zuführen, und eine Tür für den bedienenden Arbeiter. In einem Seitenraum stehen die Blasebälge. Wenn die Kadmeia in Rauch aufgeht, steigen die feineren, leichteren Teile in das obere Stockwerk, wo sie sich an den Wänden festsetzen wie Knäuel Wolle[1]). Der schwerere Hüttenrauch fällt auf den Boden.

Die Destillation oder Sublimation des Quecksilbers aus $Κιννάβαρι$, Cinnabaris, wurde aus Eisengefäßen vorgenommen, die in Tongefäßen, also Capellen zur Schonung standen[2]) und darin längere Zeit erhitzt wurden. Bedeckt waren die eisernen Gefäße (das Metall sollte jedenfalls dem Zinnober den Schwefel entziehen, und eine tönerne Capelle wählte man wohl, damit sich das freiwerdende Quecksilber, das „mit seinem Geifer alle metallenen Gefäße zerfrißt[3])", nötigenfalls darin ansammelte), mit einem Deckel, dem Ambix, der mit Ton verkittet[4]) war. Aus dem darin sich abscheidenden „Ruß" konnte das Quecksilber abgetrennt werden.

Den von ihm beschriebenen Teerdestillationsapparat kannte Plinius kaum auf Grund eigner Anschauung[5]). Er hätte sonst vermutlich eingehender, anschaulicher darüber berichtet. Nach dem Muster des oben nach Theophrast beschriebenen Meilers, weiter nach den sonst genannten Vorbildern konnte aber sein *Furnus* [ebenso wie *Fornax* und *Fornus*, franz. Four, Fourneau, Fournaise, am Rhein die Farnüß vom Stamme *For* und verwandt mit *ferveo* und $θέρομαι$ warm werden] zur Aufnahme der zu destillierenden *Taeda* nur gestaltet sein aus Ziegelsteinen, ähnlich einem Backofen damaliger oder noch nicht lange vergangener Zeit oder aus Ton oder Metall und dann vermutlich gestaltet wie die uralten $Πίθοι$ (die in den, noch vor kurzem zum Versand des Luccaöls gebrauchten

---

[1]) Spätere *Lana philosophorum*. Diosk. 5, 84, 85. Das Hinzuführen von Luft, um das Metall zu oxydieren und zugleich um den Zug zu befördern, bezeugt ebenfalls schon eine weit vorgeschrittene Technik.

[2]) Dioskorides 5, 110 sagt: $θέντες$ $ἐπὶ$ $λοπάδος$ $κεραμέας$ $κόγχον$ $σιδηροῦν$, $ἔχοντα$ $κιννάβαρι$, $περικαθάπτουσι$ $ἄμβικα$, $περιαλείψαντες$ $πηλῷ$ [$πηλὸς$ Lehm], $εἶτα$ $ὑποκαίουσιν$ $ἄνθρακιν$. $Λοπὰς$ ist eine flache Patella, $κόγχος$, ein an die vorbildliche gleichnamige Muschel erinnerndes tieferes Gefäß. Vgl. unten. Plin. 34, 41. Theophrast, *De lapidibus* 60. Vitruv, *De architectura* 7, 8. Vgl. auch unten die indische Arbeitsart.

[3]) Plinius 33, 82.

[4]) Daß die Alten auch andern Kitt kannten, mit dem sie zerbrochenes Glas zusammensetzten, geht aus des Plinius Äußerung hervor: Ne quid desit *ovorum* gratiae, *candidum* ex his admixtum *calci vivae* glutinat vitri fragmenta 29, 51. Mit Kalk nnd Eiweiß, auch mit geschmolzenem Schwefel kitteten herumziehende Gewerbsleute zerbrochenes Glas.

[5]) Lediglich auf die Gewinnung einer Kohle abgesehen, ist unzweifelhaft die Vorschrift, die Dioskorides 1, 133 bei $Ἀκακία$ gibt: In einem tönernen Gefäß gebrannt (oder auf Kohle unter Beihilfe eines Blasebalges), soll Akaziengummi als Heilmittel verwandt werden. Ähnliches bezweckt das Brennen der Ölbaumblüten (der $Ἀγριελαία$) in einem festverschlossenem Tongefäß (Dioskorides 1, 118, Plinius 23, 35), einer Vorrichtung, wie sie auch jetzt bei der Knochenverkohlung und bei der Verkoakung gängig ist.

Tongefäßen ihre Nachkommen haben), wie längliche Kürbisse. Sie wurden mit den zersägten Holzscheiten gefüllt und umgekehrt über eine Grube gestellt, wie sie die Meiler auch hatten, vermutlich mit Lehm luftdicht darauf befestigt und durch außen aufgeschichtetes Feuer erhitzt. „Das erste läuft wie Wasser durch eine (vielleicht seitlich angebrachte) Röhre ab." Aus Cedrus (vielleicht einer Juniperusart) ward auf diese Art das $Κέδριον$ gewonnen, ein brenzliches Öl, das wie Plinius ebenda[1]) erzählt, neben dem (Teer-)Wasser (und dem Holzessig) zur Haltbarmachung von Leichnamen, also zum einbalsamieren in Ägypten benutzt wurde

Abb. 4. Vermutlich verfeinerte Darstellung eines Schwelprodukts nach einer Tontafel im Königl. Museum in Berlin.

Ein so gestalteter Apparat wurde sicherlich zu den Zwecken trockener Destillation, wie sie begreiflicherweise die Jahrhunderte durch an allen möglichen pflanzlichen und tierischen Produkten versucht wurde, und dann in Sonderheit von den Arabern, die zeitweise die einzigen Hüter pharmazeutisch-chemischer Wissenschaft und Praxis waren, benutzt, um aus ihnen den Träger der Würzstoffe, deren Anwesenheit Geruch und Geschmack gleicherweise verriet, in konzentrierter und handlicher Form auszuziehen, soweit man sich nicht damit begnügte, sie nach uralt überkommener Art durch Ausziehen mit Öl und anderen Lösungsmitteln darzustellen[2]) oder,

---
[1]) Plinius 16, 21. Vgl. auch Theophrast 9, 3.
[2]) Das Buch XIII bei Plinius z. B. handelt davon.

wie es bei den Ölen der Citrusarten jedenfalls wohl geschah (Medische Äpfel waren den Griechen wohlbekannt, Plinius spricht von Citronenöl, und es kann den Alten gar nicht entgangen sein, daß der Riechstoff schon beim Verwunden der äußeren Schichten der Schale, von der als seines Trägers allerdings erst Oribasius im VI. nachchristlichen Jahrhundert spricht, herausspritzte[1]), also äußerst leicht zu gewinnen sei), vielleicht mit Wolle aufzunehmen oder von dem ausgepreßten Safte abzuschöpfen usw.

Es war eine als wesentlich zu bezeichnende und in der Praxis sich von selbst ergebende Änderung und Besserung, daß man statt der Vertiefung im Boden und statt Ablaufrohr, bei kleineren Arbeiten in Sonderheit, als Auffangsgefäß ein anderes, etwa gleich großes Gefäß auf das eigentliche Arbeitsgefäß (man bezeichnete solche später wohl als „activa instrumenta" im Gegensatz zu den „passiva", den Vorlagen u. dgl., die die fertigen Präparate aufnehmen) festkittete, dieses letztere eingrub und um das verkehrt stehende obere, mit dem Vegetabil gefüllte Feuer schürte, oder daß man feststehende oder tragbare, aus Metall angefertigte Öfen, die mit Kohlen angeheizt, schon vielfach im Altertum gebraucht wurden (das Museum der auf dem Boden von Pompeji ausgegrabenen Geräte zeigt ebenso praktische wie künstlerisch hervorragende Stücke!) für den Sonderzweck so gestaltete, daß das Auffangegefäß in einen Raum herrunterreichte, der von dem Feuerraum durch eine Scheidewand getrennt war.

Es ist ebenso natürlich und selbstverständlich, daß der Praktiker die nötigen Gefäße, aus Zweckmäßigkeitsgründen z. B. der leichteren Verbindung mit den Auffangegefäßen wegen, immer mehr der Gestalt der einerseits verjüngten Streitkolben oder ähnlicher Flaschenkürbisse nahebrachte, daß er *Cucurbitae* konstruierte und verwandte. Ordnete er das Gerät an, wie eben dargelegt, so zeigt sich bei solcher Arbeit, die später als *Destillatio per descensorium* z. B. Geber eingehend beschreibt, wie sie im ganzen Mittelalter unzweifelhaft geübt wurde und wie sie tatsächlich auch jetzt noch z. B. bei der Darstellung des (hier allerdings nicht ganz hingehörigen) Seefelder Teers, des Ichthyols und wohl auch noch bei der des *Ol. Juniperi oxycedri* oder *cadinum* in Anwendung kommt.

Megenberg in der Mitte des XIV. Jahrhunderts beschreibt, fußend auf früheren Vorschriften, die Art der Destillation des Öls aus dem Kranwitpaum- oder lateinisch *Juniperus*-[er leitet das Wort beiläufig von πῦρ ab und übersetzt es danach in Feuerbaum]Holz folgendermaßen und bestätigt damit das Gesagte: Man nimt zwēn erein (erzene) häfen und setzet sie über enander, und der obere hafen schol ain loch hân an dem podem. denselben obern hafen schol man füllen mit dem kranwitholz, daz trucken sei, und schol den wol vermachen, daz ihts (nichts) dar auz

---

[1] Daß noch jetzt z. B. das Citronenöl auf diese Art dargestellt wird, sei nebenbei bemerkt.

rauhs müg kommen, und schol ain grôz feuer umb die häfen machen. wenn dann das holz inwendig erhitzt, so fleuzt das öel auz dem obern hafen in den untern, aber das ist wenig (S. 325).

Es ist das ganz und gar die Art, wie Mesue etwa 300 Jahre früher sein Wacholderholzöl, übrigens auch (aus mit Öl getränkten Ziegelsteinen sein Ziegelsteinöl) das *Ol. de lateribus, philosophorum* oder *sapientiae* destillierte, und ein Gerät, wie es z. B. Walter Ryff beschrieb und in seinem Destillierbuch, Frankfurt 1567, darstellte. Vgl. die Abb.

Auf ganz andern Vorraussetzungen und der Erfahrung, daß gewisse Stoffe wie Wolle (erst durch Lowitz' Entdeckung der aufsaugenden Kraft der Kohle ist man wohl auf den Gedanken gekommen, diese Erscheinung der schon von Leonardo da Vinci 1490 entdeckten Capillarität zuzuschreiben)[1]) die aromatischen Stoffe mit besonderer Vorliebe aufnehmen und festhalten, beruht eine andre, dem Sinne des Wortes nach nicht hergehörige Art der Gewinnung ätherischen Öls durch Verflüchtigung zugleich mit Wasserdämpfen mittels Erwärmung und nachheriger Verdichtung, deren hier gedacht werden muß. Dioskorides erwähnt sie in den Kapiteln 95, 105 des ersten Buches. Er erzählt von einem Πισσέλαιον, einem Öl aus einem jedenfalls flüssigen Harz, wie anzunehmen Terpentin, das von sehr fettem (also kienigem) Kiefern- oder Fichtenholz gesammelt wird, also jedenfalls freiwillig aus ihm ausfließt. Verschiedene Über-

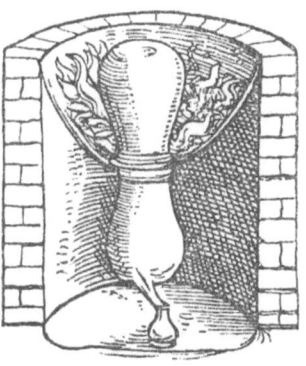

Abb. 5.
Absteigende Destillation nach Ryff.

setzer, z. B. auch Berendes verfahren, wenn sie πίσσα [von πίτυς, die Fichte, danach pix], und insbesondere die ὑγρά, die flüssige, mit Teer übersetzen, nach dem alten Sinne des Wortes richtig. Denn ursprünglich war *Teer*, engl. *tar*, ganz wie πίσσα, das vom germanischen *drewo* [englisch *tree* und ähnlich in andern Sprachen], dem Baum, abfließende Weichharz, während er jetzt im Arzneibuch als *Pix liquida* zum Destillationsprodukt aus den rohen Harzen oder dem harzigen Holz geworden ist, und der Name des Baumes, der nach Dioskorides I, Kap. 91 das beste Harz lieferte, Τέρμινθος oder Τερέβινθος, das Weichharz aus verschiedenen Koniferen [weil die πίσσα auch aus den κῶνοι, den Zapfen tropft, hieß der Terpentin auch κῶνος] bezeichnet. Aus diesem Lebenserzeugnis des Baumes (Kap. 94), bei dem der wäßrige (oder flüssige) Teil etwa wie Molken über dem gewonnenen Käse sich abscheidet, wird (nach Kap. 95, für κέδρος in Kap. 105) das Pisselaion, aus dem Τερέβινθος sein χρῖσμα durch Kochen erhalten.

---

[1]) Vgl. dazu weiter unten seine Vorläufer.

Über dem Gefäß wird reine Wolle ausgebreitet und wenn sie mit dem verdampfenden Öl getränkt ist, in ein Gefäß ausgequetscht.

Daß solche Arbeit später wirklich ausgeführt worden ist, habe ich nicht feststellen können; daß man ihrer gedacht hat, das beweist eine Stelle in des pseudonymen Euonymus Philiater bekanntem Werk „Ein köstlich theurer Schatz", Zürich 1555[1]) und eine zugehörige Abbildung, wie sie nach des Dioskorides eben erwähnten Äußerungen leicht entworfen werden kann. Vielleicht ist der Schwamm, der später in das aufsteigende Kühlrohr gesteckt werden sollte, auch noch eine Erinnerung an Dioskorides. Vgl. die Abb. 6 und weiter unten.

Abb. 6. Auffangen des Destillats durch Wolle nach Euonymus.

Tatsächlich muß man im IV. vorchristlichen Jahrhundert eine Destillation in unserm Sinne und ein Gerät gekannt haben, denen ähnlich, wie sie eine spätere Zeit, wie wir sehen werden, in Anwendung gezogen hat. Denn Aristoteles, geb. 384 in Stageira auf der makedonischen Halbinsel Chalkidike, berichtet in seinen Μετεωρολογικὰ II, 3, daß es möglich sei, bitteres, ungenießbares Seewasser durch Überführung in Dampf mittels Feuer und späteres Verdichten trinkbar zu machen, und an andrer Stelle erzählt er von einer „entflammbaren Ausdunstung des Weins"[2]), die ähnlich durch Verdampfung und Wiederverdichtung darzustellen sei. Zu solcher Arbeit war entschieden ein Gerät nötig, vollkommener, wie die schon geschilderten, die darzustellen die damalige Glas- und Tontechnik in vollstem Maße hinreichte.

Daß man in ähnlicher Art Ruchstoffe aus den vielen bekannten riechenden Harzen und Pflanzenteilen darstellte oder darzustellen versucht hat, wird nirgends berichtet. Plinius erzählt, „die Wälder hätten früher die schätzenswertesten Ruchstoffe besessen", d. h. man sammelte in ihnen (und, was zuzusetzen ist, auf Feldern und Triften) die riechenden Pflanzenteile und entwickelte im Dienste der Gottheit, ihr opfernd, den Duft dadurch, daß man sie (wie Plinius z. B. hervorhebt, Cedern- und Citronenholz) in Brand setzte. Später erst „gefiel es dem Luxus, die Ruchstoffe zu vermischen und aus allen einen einzigen zu machen" und zwar in der Ge-

---

[1]) Vgl. meine Geschichte S. 410.
[2]) Plinius erzählt von Falerner Wein, der sich (also durch seinen Alkoholgehalt) dadurch auszeichnete, daß er sich anzünden lasse. Buch 14, 8.

stalt von Balsamen oder Salben, μύρον, χρῖσμα, βάλσαμον, Unguenta, wie sie von dem Salbenhändler und Salbenmacher, dem μυροπώλης und μυρεψός, dem Unguentarius, hie und da, wo die betr. Pflanzenteile wuchsen oder besonders vorteilhaft zu erlangen, oder die Fabrikate besonders gut zu handeln waren, in Capua (in der Gasse der Seplasiarii) geradezu „en gros" dargestellt wurden. Zu Trojas Zeiten kannte man solche Salben noch nicht wie Plinius weiter[1]) berichtet. „Die Salben müssen eine Erfindung der Perser gewesen sein. Sie triefen davon und vertilgen durch Anwendung künstlicher Wohlgerüche den aus ihrem Halse sich entwickelnden Gestank" (jedenfalls nach, den Römern unerträglich riechendem Allium).

Denkt man an den Reichtum des genannten Landes an Ruchstoffen, zieht man weiter die körperlichen Verhältnisse seiner Bewohner in Betracht, so ist des Plinius Bericht immerhin glaubhaft, und ebenso der fernere, daß bei der Eroberung des Lagers von König Darius Alexander einen wohlversorgten Salbenschrank erobert hat. Durch ihn kam vielleicht erst das Vergnügen an solchen Parfüms nach Rom und wurde zu den löblichsten und anständigsten Gütern über das Leben hinaus gerechnet.

Um die riechenden Bestandteile in konzentrierte, dem erwünschten Zweck besonders gut dienende Form zu bringen, wurden die betreffenden Pflanzenteile mit Wein, in den allermeisten Fällen mit Öl in Glasgefäßen an der Sonne digeriert[2]), dann durchgeseiht und bis zur Honigdicke (und Verjagung der Feuchtigkeit) gekocht.

Es ist selbstverständlich, daß diese bei nicht zu hoher Temperatur dargestellten Fettauszüge, gleich den modernen aus Südfrankreich,

---

[1]) Buch 13, Kap. 1.

[2]) Plinius 13, 73. Wenn auch nicht geradezu hierher gehörig, so verdient doch erwähnt zu werden, daß das Altertum sich sehr genau bewußt war, daß störende Einflüsse den äußerst empfindlichen Ruchstoffen ferngehalten werden mußten und daß dementsprechend nur reinstes, geruchloses Öl verwendet werden durfte. Lucrez sagt in seinem oben erwähnten Buche 2, 820:

Wenn aus Mairan und Myrrhe und aus des Jasmines
Nektarblüten man duftsüßhauchende Salben bereitet,
Suchen vor allem man muß, womöglich geruchlosen Öles
Reine Natur, wovon kein Hauch die Nerven berühret;
Daß zum mindesten nicht es die eingemischeten Düfte
Mit dem eigenen Geruch ansteck' und solche verderbe.

Gleich interessant sind die Ausführungen desselben Schriftstellers, Anschauungen seiner Zeit, sich aufbauend auf den Ansichten der alten Philosophen, Empedokles, Heraklit usw., über das Wesen des Stoffs (Buch 4, 675 ff. vgl. auch S. 4):

Diese Gerüche nun selbst, die reizend berühren die Nase,
obzwar einige sich weiter als andere verbreiten,
Nimmer erreichen sie doch des Schalls und der Stimme Verbreitung,
Noch viel weniger auch des weithin tragenden Auges.
Mühvoll aus dem Innern des Ruchstoffs entwickelt sein Duft sich.
Das ergibt sich daraus, daß All', was zerbrochen, stärker
Duftet, noch stärker zerriebenes und was vom Feuer versengt ward.
Es sind größer sodann die kleinsten riechenden Theilchen
Als die Träger des Schalls, indem sie steinerne Mauern,
Welche jene leichtlich bezwingen, nimmer durchdringen.

viele von den zarten Ruchstoffen, wie sie dem Altertum erstrebenswert erschienen, (aus Lilien von Korinth, aus Majoran und Quitten [-Blüten] von Kos, aus Rosen, die ihrer Farbenpracht und ihres Geruchs wegen unendlich geschätzt und in vielen Spielarten ganz im großen gezogen wurden, die *Centifolia* in Campanien und um Philippi in Griechenland, andere in Kyrene usw.)[1]) in sich aufnahmen und eine gewisse Zeit unverändert bleibende, die gekochten (wahre *Olea cocta*, nicht zu ihrem Vorteile zum Teil brenzlich geworden) unbegrenzt haltbare Zubereitungen darstellten.

Gerade die Rose, deren Geschichte sich im Dunkel der Sage verliert, wird es vermutlich auch gewesen sein, deren Duft der Mensch, der an ihr garnicht achtlos vorbeigehen konnte, vermutlich in erster Reihe möglichst lauter und rein darzustellen sich bestrebt haben wird.

In einer Rose, so erzählt eine Sage, soll eine der Gattinnen des Gottes Wischnu gefunden sein: mit der Gottheit wird die göttliche Blüte in Verbindung gebracht. Auf einem Weiher von Rosenwasser (vielleicht erst nur Wasser, in das man Blätter geschüttet, um deren Wohlgeruch ihm mitzuteilen) hat, so erzählt die Sage, ein indischer Großer seine Herzenskönigin in einem prächtigen Nachen gerudert. Durch die Sonnenstrahlen sollen auf dem Wasser sich Rosenöltropfen ausgeschieden haben. Auch bei Jericho sollen (wirkliche) Rosen angebaut worden sein, jedenfalls ob ihres Ruchstoffs, und um ihn irgend wie zu gewinnen. Persien (Farsistan mit den Rosen von Schiras) war als Rosenland seit ältesten Zeiten berühmt, und daß die gedachte Provinz dem Khalifen Mamoun (810—817) alljährlich 30000 Flaschen Rosenwasser als Tribut abliefern mußte, daß sie später 800 Kameellasten desselben Präparats an Saladin schicken mußte, damit mit ihm der Tempel von Jerusalem gereinigt werden sollte, ehe er ihn 1188 betrat, das läßt die Annahme gerechtfertigt erscheinen, daß man diesem Lande, der Überlieferungen durch Plinius gemäß, die Erfindung der Salbendarstellung und die der Destillation, und zwar zuerst die des Rosenwassers verdankt.

Wie der Destillationsapparat ausgesehen hat, in dem Aristoteles die Destillation des Meerwassers und die des Weins beobachtet hat oder hätte beobachten können, und in dem vielleicht um dieselbe Zeit schon Rosenwasser destilliert wurde, das ist weder in Beschreibungen noch in Nachbildungen auf unsere Zeit gekommen. Erinnern wir uns aber der in Betracht kommenden allerersten Urformen und der recht genauen Beschreibungen Theophrasts, des Dioskorides und Plinius, halten wir daneben, was eine spätere Zeit auf Grund alter Überkommenheit von handwerksmäßig arbeitenden Vorfahren — die Techniker, die am Feuer arbeitenden Banausen [$\beta\acute{\alpha}\nu\alpha\nu\sigma o\iota$], zu denen unzweifelhaft auch die hier in Betracht kommenden Unguentarii, Myrepsoi, Balsamkocher (Destillateure?), die Rokeach des alten Testaments gehörten, vererbten ihre

---

[1]) Plinius 21, 10. Vgl. auch meine Geschichte d. Pharmazie an den in Betracht kommenden Stellen.

rein „empirisch", erfahrungsmäßig erlangtes Können, ihre „Kunst", wie es bis vor wenig Jahrzehnten Regel war, mündlich, höchstens in ungelenk geschriebenen Rezeptbüchern[1]) von Generation auf Generation. Die Wissenschaft kümmerte sich um diese Handwerke oder Gewerbe nicht, sondern sah eher verachtungsvoll auf sie herab! — für urwüchsige Geräte verwandte (vgl. weiter unten!), so ist es leicht, sich auszumalen, wie die damaligen Geräte ausgesehen haben mögen. In mehr oder weniger nach oben verjüngten, gewöhnlichen Kürbissen [oder Schröpfköpfen, *Cucurbitae*] oder Flüssigkeitsbehältern aus Tierblasen [*Vesicae*] gleichenden Tongefäßen wurde das Destilliergut, Rosenwasser, auf dem wohl gelegentlich wirklich Öltropfen geschwommen sein mögen, oder Rosenblätter und Wasser erhitzt. Geschlossen wurde mit Hilfe von Kitt aus Lehm [Lutum von λύω, aufgelöste, erweichte Erde] das Gefäß mit einem Deckel, dem schon erwähnten Ambix, gr. ἄμβιξ. Zum Abführen des duftbeladenen Dampfes diente eine Ablauf-Röhre, ein *Canalis* aus pflanzlichen Stoffen aus (Schilf-) Rohr, *Canna* oder κάννα [hieraus das Wort *Canalis*], oder aus großem *Calamus*. κάλαμος [rein lateinisch *Arundo*, das auch zum Schreiben benutzt wurde], aus cyprischem *Donax* (botanisch allesamt wohl nach jetziger Bezeichnung *Arundo*-Arten), weiter solche von *Juncus*- und *Cyperus*-Arten, *Fistulae* aus *Sambucus* und im Orient *Bambus*. jenachdem sie die Umwelt bot, oder aus Knochen, z. B. den *Tibiae*. den Schienbeinen verschiedener Tiere, die, beiläufig gesagt, ja auch den Stoff (und die Namen) für verschiedene Blas-Instrumente gaben. Erst eine spätere Zeit setzte (wie wir später sehen werden mit manchen Ausnahmen) an Stelle der genannten Naturerzeugnisse (zuerst übrigens wohl zu Wasserleitungszwecken) kunstreich aus zwei röhrenförmigen Stücken zusammengefügte oder aus einem Rund-Holz ausgebohrte oder aus Metall gefertigte Tubi, Röhren.

Unter diese Röhre mußte selbstverständlich zum Auffangen der abtröpfelnden, destillierenden [*de stillare*] Flüssigkeit ein Gefäß, ein *Receptaculum*, gesetzt werden. Ganz, wie es Dioskorides beschreibt, und ganz nach dem Muster des kühlenden, auf das Dach der Hütte strömenden Regens konnte der Deckel gekühlt werden.

Es scheint nun aus späteren Analogien gefolgert werden zu dürfen, daß erst eine vorgeschrittene Zeit — abgesehen davon, daß die Glastechnik viel jünger ist als die Töpferkunst — an Stelle dieser ziemlich topfähnlichen Tongeräte gläserne, wohl auch metallene, an Stelle der *Cucurbitae* geradezu flaschenförmige (auch Streitkolben ähnlich gestaltete Gefäße)[2]) in Gebrauch stellte, die, schräg gelegt, wohl in das

---
[1]) Vgl. unten.
[2]) Ein Blick in die Sammlung trojanischer, ägyptischer und anderer Altertümer zeigt die unendliche Vollendung des betreffenden Kunsthandwerks, im übrigen berichtet schon Horaz, daß „*pila praecincta*" waren „*lag(o)enis catenatis*", daß an den Türpfosten der Weinschenken Flaschen als Wahrzeichen an Kettchen angehängt waren usw.

Vorlegegefäß gesteckt wurden oder aber gestatteten, mit leichter Mühe einen übergreifenden *Ambix* oder geradezu eine helmähnliche *Galea* überzustülpen und aufzukitten [ursprünglich kütten, von Kütte, *Quitte, Cydonia*, mit ihren Klebstoff enthaltenden Samen], die seitwärts nach unten eine Ablaufröhre, einen *Canalis* angesetzt trug oder in ihn auslief, die selbst, besonders wenn sie in Tätigkeit kam, den Vergleich mit einer Nase oder einem Schnabel, *Rostrum* nahelegte, der aus einem Kopfe hervorragte, während das Ganze immerhin bei einiger Phantasie mit einem Menschen verglichen werden konnte.

Man hat unter den trojanischen Gefäßfunden geradezu Destilliergefäße erblicken zu können vermeint — wenn nach Plinius zu Trojas Zeit selbst (also wohl im XII. Jahrh. v. Chr.) die Darstellung von Salben unbekannt war, vermutlich mit Unrecht. Ihre kunstreiche Gestalt läßt, ebenso wie die damals auch schon hoch entwickelte Metalltechnik die Möglichkeit von Destillationsarbeiten selbst in verhältnismäßig entwickelten Apparaten, wie ich sie zuletzt beschrieb, wohl zu. Daß sie geübt wurde, ist nicht nachzuweisen, ebensowenig, wenn sie zuerst in die Erscheinung trat. Ihr Werdegang aber kann sich kaum anders abgespielt haben, wie ich ihn beschrieb, und, wie überall auf dem Gebiete der Naturwissenschaft und der mit ihr in Verbindung stehenden Künste und Gewerbe, werden deren Angehörige des Dioskorides Werk als Richtschnur, als Berater genommen haben, bis Euricius Cordus als erster an dem Gebäude von dessen Wissenschaft rüttelte.

Die kaum anzuzweifelnde Tatsache z. B. der frühzeitigen Bekanntschaft des Altertums mit dem griechischen Feuer, d. h. einem Terpentindestillat[1]) belegt immerhin die Vornahme von Destillationen in großem Maße. Daß die Chinesen „griechisches" Feuer lange, viel früher gekannt haben, ist bei dem unzweifelhaft äußerst hohen Kulturstand des Reichs der Mitte vor jener Zeit schon recht gut möglich. Gleiches gilt für das sagenumwobene Indien; daß Assyrien, Persien, daß schließlich das Wunderland Cham, das ja die Wiege der Chemie gewesen sein soll, zum mindesten die Anfangsgründe der Destillation, wie ich sie oben beschrieb, gekannt und ausgeübt hat, läßt sich daraus schließen, daß in den ägyptischen Tempeln Parfüms aller Art, Salben, Räuchermittel u. dgl. angefertigt wurden, deren dem profanen Volk gegenüber jedenfalls zunftgeheimnisvoll gehütete Vorschriften die Tempelmauern von Edfu z. B. auf unsre Zeit brachten[2]).

---

[1]) Es soll mit einer Art großen Blaserohrs, wie es der Überlieferung nach auch zum Anblasen von Feuer gegen die Verteidigungswerke gebraucht wurde, auf die Schiffe gespritzt worden sein. 350 soll man es gekannt haben. Unter Konstantin IV. soll es, also in den Jahren 668—75, bei der Abwehr der Konstantinopel bedrohenden Araber eine große Rolle gespielt haben. Vgl. meine Arbeit über das Felssprengen des Hannibal nach Livius und Feuersetzen in „Zeitschrift für das gesamte Sprengstoffwesen", München 1908.

[2]) Vgl. oben S. 15, übrigens auch O. v. Lippmann bei Diergart S. 149.

Bildliche Darstellungen der in Betracht kommenden Destillationsgeräte kamen, bis auf die oben S. 13 wiedergegebenen, wie schon gesagt wurde, nicht auf unsre Zeit, trotz der unendlichen Schreib- und Zeichenseligkeit der Ägypter, ebensowenig, als solche ohne weiteres erkennbare Geräte selbst. Das spricht aber durchaus nicht gegen die Möglichkeit der Vornahme von Destillationen in früher Vorzeit, denn in den so oder so bezeugten, wie überall nach den Mustern derselben einfachen Naturhilfsmittel zum Teil mit staunenswerter Kunstfertigkeit gearbeiteten Geräten für den Haus- und Küchengebrauch konnte man mit leichter Mühe Destillationen ausführen, wie sie zu vermuten sind, wenn wir den, wenn auch unbestimmten Angaben von Aristoteles und den vielsagenden der Kompilatoren Plinius und Dioskorides trauen.

Nach ägyptischen Vorbildern, darf man annehmen, baute eine ihrer Persönlichkeit nach wenig gekannte Kleopatra ihre Destillierapparate zusammen, die allerersten Geräte, die in guterkennbaren Abbildungen auf unsre Zeit gekommen sind, und die der genannten Dame die Ehre haben zuteil werden lassen, im allgemeinen als die erste Destillateurin angesehen zu werden. Mit der in der Chemie jedenfalls nicht ganz ungewandten, durch ihre männerberückende Schönheit berühmten, durch deren Anwendung berüchtigten Königin hat sie sicherlich nichts zu tun. Daß sie von Zosimus (Anfang des III. Jahrh. geboren) erwähnt wird, setzt sie jedenfalls früher, etwa ins II. Jahrh. n. Chr. Von einem Chemiker Komanos oder Komarios soll sie unterwiesen worden sein.

Eine Handschrift, die in der S. Marco-Bibliothek in Venedig sich befindet, gibt (Fol. 6) eine Arbeit von ihr, χρυσοποιεία, wieder. In ihr ist sehr steif, mit Zirkel und Lineal, wie stilisiert, ein Gerät abgebildet, das nichts andres als ein Destillationsapparat sein kann. In einer andern Handschrift in der National-Bibliothek von Paris tragen die skizzenhaften Freihandabbildungen die Überschrift οι δε τυποι ουτοι, und die weiter beigegebenen Worte bestätigen die Richtigkeit der Deutung. Wenn ich zusammenfasse, was in den verschiedenen, entweder ebenfalls etwa aus dem X. oder XI. Jahrh. stammenden Handschriften oder späteren Abschriften[1]) mitgeteilt ist, so handelt es sich um einen Ofen, der im wesentlichen einem kleinen, jetzt auch schon der Geschichte anheimgefallenen tragbaren Windofen ähnelt mit der Bezeichnung καμήνιον [oder, wie gebräuchlicher, καμίνιον, daraus unser Kamin] oder φωτα [nach unserer modernen Schreibweise richtiger φῶτα. Die Bezeichnung macht es wahrscheinlich oder läßt wenigstens die Deutung zu, daß man hier als Wärmequelle Beleuchtungsmittel, Lichte oder Lampen benutzte], auf dem ein flaches Gefäß

---

[1]) z. B. aus der prachtvollen im Besitz der Casseler Landesbibliothek, Ms. chemica, Fol. 1. Die Sammlung stammt von dem bekannten Magier und Alchemisten Dr. John Dee, dem Günstling der Königin Elisabeth von England. Sie kam aus dem Besitz des Kurfürsten Joachim Friedrich von Brandenburg in den Besitz des Landgrafen Moritz des Gelehrten nach Cassel. Vgl. meine Arbeit, „Goldmachen am hessischen Hofe".

zu stehen scheint, das man immerhin als eine Kapelle nach zeitläufiger Bezeichnung ansehen darf, die mit Wasser gefüllt gewesen sein kann, oder, was als natürlicher, frühzeitiger angesehen werden kann, mit Asche. Was solche Wärmeschutz- vielleicht auch -Erhaltungsapparate anbetrifft, so wissen wir, daß Hippokrates sich eines δίπλωμα bediente, um seine Ptisane vor dem Anbrennen zu schützen, und Theophrast ähnlich bei der Extraktion seiner Wärmstoffe verfuhr. Daß Synesios einen λέβης unter das Destillationsgefäß brachte, zeigt die betreffende Zeichnung (S. 24). O. v. Lippmann konnte in einer tiefgründigen Arbeit über das Wasserbad[1]) nachweisen, daß aus dem *Balneum Maris* durch

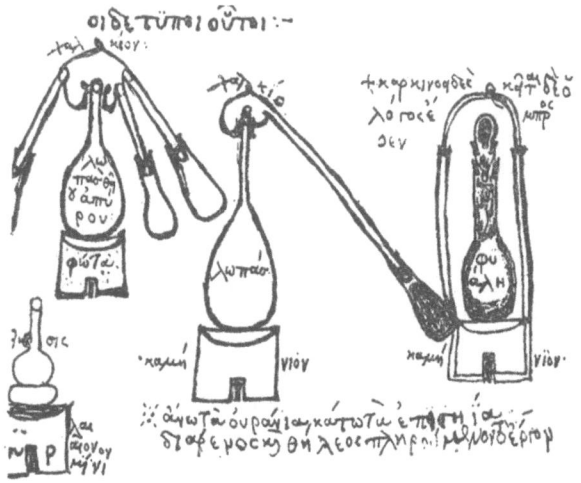

Abb. 7. Handschrift 2327 der Nationalbibliothek in Paris.

mißbräuchliches oder mißverständliches Einsetzen der Jungfrau Maria an Stelle der ägyptischen Göttin und Repräsentantin des Meeres, der Isis, und durch spätere Verwechslung der ersteren mit der wenig bekannten Alchemistin gleichen Namens ein *Balneum Mariae* entstand, daß weiter, abgesehen von seiner im Dunkel der Vorzeit verschwindenden Verwendung in der Küche, das Aschenbad, das *Thermospodion* [gelegentlich auch θερμοσποδιὰ von θερμὸς warm, σπόδιον Asche] auf ein langes Alter zurückblicken kann. Coelius Apicius[2]) spricht jedenfalls (220 n. Chr.) in seinem Kochbuch, das griechische, speziell alexandrinische Herkunft verrät, von ponere in *cinere calido* oder supra *thermospodium*.

---

[1]) Diergarts Kahlbaum-Gedächtnisbuch.
[2]) Vgl. Schuchs Ausgabe, Heidelberg 1874, S. 69, 72, 74, 90, 71, 73, 74, 90. Vgl. auch oben.

In der Kapelle steht ein flaschenförmig gestaltetes Gefäß, das zumeist λωπὰς [jetzt λοπὰς] (vgl. oben S. 24) bezeichnet ist. Das Wort dient allgemein für den Begriff Gefäß. Die kopfförmige (an das Hüttendach erinnernde) Erweiterung ist in einem Falle φιάλη[1]) genannt, zufällig wohl nur, weil die Stelle mehr Platz dafür bot als die mehr in Betracht kommenden unteren Teile. Der Kopf ist in einigen Zeichnungen ganz helmähnlich und so dargestellt, daß unten ringsherum eine Ausbuchtung oder eine Art Krempe, noch besser ein Sims, entsteht, wie bei späteren Helmen, Tropfensammlern, Dephlegmatoren oder wie man sie nennen will.

Daß man unzweifelhaft imstande war, solche Geräte aus Glas darzustellen, sagte ich schon oben. Daß sie auch aus Erz gefertigt wurden, verrät das in einigen Fällen beigefügte Wort χαλκίον.

Aus dem Helm (in einem Falle steht neben ihm, vielleicht sich auf die senkrecht aufstrebende Verlängerung des λωπὰς beziehend, λιχανος σωλήν[2]), Zeigefingerrohr) ragten eine, an andern Stellen zwei und drei Abfall-, Destillationsröhren heraus. An einer Stelle ist die eine als ἀντίχειρος σωλήν [Daumenröhre] bezeichnet, und wenn man den Helm als Handfläche, die Abfallröhren als Finger ansehen will, so kann in derselben Abbildung ein undeutliches Wort immerhin μικρὸς [also kleine (Finger-) Röhre] klein gelesen werden[3]).

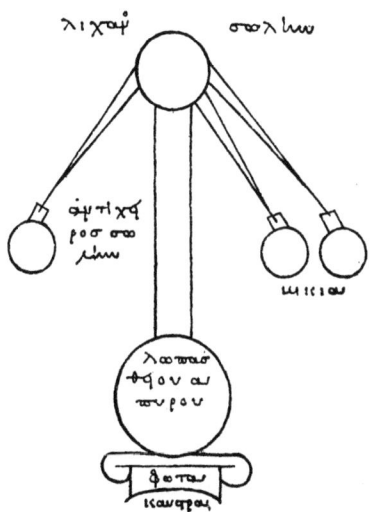

Abb. 8. Handschrift der San Marco-Bibliothek in Venedig.

Die genannten Röhren münden in kolbenförmig gestaltete Vorlegegefäße ohne Bezeichnung. Daß es sich in unserm Falle nur um wirkliche Destillations-, keineswegs Sublimationsgefäße handelt, dürfte jeder Sachverständige ohne weiteres erkennen: Sublimate würden sich im σωλήν oder im Helm festsetzen. Die abfallenden Röhren wären völlig

---

[1]) An einigen Stellen steht dabei θειον απυρον. An eine Destillation von Alumen, der gelegentlich, oder von Sulfur, der ebenso bei den Alchemisten Apyron, aber auch seit klassischen Zeiten Theion, das Göttliche, hieß, ist sicher nicht zu denken, und es kommt unzweifelhaft hier der spätere geheimnisvolle Sulfur, das *Primumens metallorum* in Betracht, von dem es später hieß, daß die „Chymisten von ihm viel Redens gemacht und es für eine tingierende Materie des Steins der Weisen angesehen hatten".

[2]) In der Casseler Handschrift ist beigeschrieben „maistre tuiau", Hauptrohr.

[3]) Interessant ist immerhin, daß die Ausdrücke λέβης und σωλήν noch in Griechenland gänge sind (vgl. die neue *Pharmacopoea* von Dambergis, S. 84), daß im Übrigen die Destillation ἀπόσταξις, nicht κατάσταξις, wie man denken könnte (vgl. unten), heißt.

zwecklos. Warum ihrer gelegentlich mehrere vorgesehen waren und augenscheinlich in Tätigkeit kamen, ist unklar. Daß sie einer Art fraktionierten Destillation dienen sollten, ist kaum anzunehmen. Man hätte auch „Fraktionen" nicht mit ihnen erzielt. Von einer Kühlvorrichtung ist keine Andeutung da.

In der auf S. 22 erwähnten Handschrift der Bibliothek in Paris heißt es weiter als Unterschrift: ἄνω τὰ οὐράνεα, κάτω τὰ ἐπιγηία (oben himmlisches, unten irdisches)[1]).

An einer andern Stelle (in der Casseler Handschrift Bd. 1 S. 64 v.) ist eine Darstellung einer Destillationsvorrichtung, die trotz ihrer Kleinheit und Einfachheit aufs deutlichste ein Gerät zeigt, wie es vor Einführung der Gasbeleuchtung und Heizung in kleinen Verhältnissen gang und gebe war. Ganz deutlich außerdem ist hier wiedergegeben, daß das Destilliergefäß, um es vor der direkten Flamme oder das Destilliergut vor allzugroßer Erhitzung und vor dem Anbrennen zu schützen, in einem λέβης mit Wasser) also einem δίπλωμα, vgl. oben S. 22) oder mit Asche darin (in einem Thermospodium) stand.

Abb. 9.

Handschr. d. Casseler Landesbibl. Chem. Fol. 1.

Eine Beschreibung zu den erstgenannten Abbildungen, die zuerst M. Berthelot in seiner „Introduction à l'étude de la chimie des anciencts et du moyen âge", Paris 1889, veröffentlicht hat und die einen Tribikus, wie er wohl genannt wurde[2]), darstellen soll, gibt Höfer in seiner „Histoire de la chimie", Paris 1842, Tome 1, S. 255 nach der Pariser Handschrift der Nationalbibliothek 2249—2252 (im Casseler Thesaurus, Ms. chem. fol. 1, steht sie Bd. II fol. 174 Περὶ τριβίκου καὶ σωλῆνος von der Alchemistin Maria). Seine Übersetzung lautet:

Mache drei Röhren aus genügend dickem Erz, sechzehn Cubitus lang. Die Öffnungen oder Zungen, an der Unterseite des Ballons angebracht, müssen genau anschließen. Sie selbst reichen in kleinere Ballons. Eine dickere Röhre verbindet das Kochgerät (die Blase, unter der Feuer angelegt wird) mit dem gläsernen Ballon, und der Apparat trägt wider alles Erwarten den Geist empor. Nachdem man die Röhren befestigt

---

[1]) Eine in Memphis gefundene Tempelinschrift lautete: Οὐρανο·ανω·ουρανο·κατω· αστερα·ανω·αστερα·κατω·παν·ανω·παν·τουτο·κατω·ταυτα·λαβε·και· ευτυχε· was Schmieder (S. 67) etwas frei übersetzt: Himmel oben, Himmel unten. Sterne oben, Sterne unten. Was nun oben, ist auch unten. Solches nimm zu deinem Glück! Die Worte sollen wohl an altgriechische Philosophie erinnern und sind mystisch verbrämt worden. Vielleicht liegt dieser Text dem obigen zugrunde, vielleicht denkt er an den abwärts fließenden kühlenden Regenquell. Vgl. auch oben S. 6.

[2]) Der Name, den ich sonst weder in dem einschlägigen Schrifttum noch in den Wörterbüchern der klassischen Sprache finde, ist wohl mißverständlich und falsch im Andenken einerseits an dem Alem-bicus, andrerseits an Composita von tres [tri-vius] gebildet worden, wenn, weiß ich noch nicht. Τριβικὸς bedeutet „auf Übung sich stützend", kommt also bei unserm Gerät keinenfalls in Betracht.

hat, lutiert man alle Verbindungsstellen aufs beste. Man muß Sorge tragen, daß der Glasballon über der Blase genügend stark sei, um nicht durch die Hitze, die das Wasser nach oben treibt, zu zerbersten.

Daß auf der Abbildung (S. 22) rechts noch ein, hier dem Äußern nach nicht hergehöriges Gerät abgebildet ist, zeigt, daß man sich doch klar darüber war, daß bei den in ihm vorgenommenen Arbeiten, bei Digestionen, Zirkulationen (vgl. weiter unten) in der Tat eine Destillation stattfand, bei der, wie in der Hütte von dem Dach und den Wänden die verflüchtigte Flüssigkeit nach der Verdichtung in den unteren Teil des Gefäßes zurückfiel. Es handelt sich um eine geschlossene — es ist immerhin möglich, daß der Hals zusammengeschmolzen ist — φιάλη, die in einer Kapelle auf dem καμήνιον steht, umgeben, um die Wärme zusammenzuhalten und vielleicht gleichmäßiger zu gestalten, von einem Zylinder und bedeckt mit einem halbkugelförmigen Deckel, mit einem Knopf oben auf.

Auf dem Boden Alexandrias hatten die Araber kennen gelernt, was eine klassische Zeit dort aufgespeichert und die „Philosophen", aus deren Arbeiten eben einiges angeführt worden ist, aus ihnen in Weisheit und Afterweisheit zusammenfaßten: im Streben unzweifelhaft, die Kunst, zu entdecken, unedle Metalle in edle zu verwandeln, und Arzneien, um das Leben zu befestigen und zu verlängern, zu bereiten. Nur wenig dürften sie von den Kenntnissen des Orients als eigenes in Basra, Kufa, Damascus, Bagdad[1]) verwandt haben, wo sie das Gelernte festigten und vertieften, und noch weniger nach Spanien mitgeführt haben, wo sie jetzt ihre Wissenschaft zur höchsten Blüte entwickelten und sich zu den Lehrmeistern des Abendlandes aufschwangen.

Ohne Destillation konnten die in Betracht kommenden Präparate, in allererster Reihe solche aus der anorganischen Chemie, Essig-, Salpeter-, ja Schwefelsäure, nicht dargestellt werden. Sie finden wir bei dem, in seiner Echtheit allerdings angezweifelten Geber, Abu Musa Dschabir, dem angeblichen Schüler von Abu Abdallah Dschafir el Sadik aus der Mitte des VIII. Jahrhunderts. Die benutzten Geräte glichen aller Wahrscheinlichkeit nach den eben beschriebenen, ihnen auch sicher das zum Darstellen des hier zuerst Lebenswasser genannten, belebend auf den Organismus des Trinkers wirkenden Destillats aus Weißwein. Geber destilliert auch Marchasit (auch Quecksilberchlorid) aus Aludeln, aber auch *per alembicum* und *per descensorium*, wie es in der Übersetzung heißt, jedenfalls aus drei verschiedenen Geräten. Die ersten beiden Namen lernen wir weiter unten kennen.

In das Reich der Fabel wurde im Allgemeinen die Nachricht verwiesen, daß sich aus dem Rauch des Kamelmist-Feuers in den Hütten in der Oase des Jupiter Ammon (so wenig unmöglich solche Erscheinung

---

[1]) Vgl. meine Geschichte der Pharmacie S. 270 ff.

vom chemischen Standpunkt aus erscheint) in den Rauchfängen **Ammoncarbonat** ansetze. Eine solche **Sublimation in der Hütte,** die ich als Vorbild des späteren Destillations- oder Sublimationsgerätes anspreche, wird aber völlig glaublich durch einen Bericht von **al Dimaschquî** (vgl. auch weiter unten). Bei ihm heißt es (ganz ähnlich in den Mafâtîh): „Das flüchtige Nuschâdir[1]) wird aus dem Mist [ar. Zibl] von Kamelen und andern Vierfüßlern gewonnen, in den **Schornsteinen** der Bäder, besonders in **Ägypten** in der Provinz Sa'îd". Kaum werden wir bei den „Schornsteinen" an verhältnismäßig enge Röhren denken, wie sie jetzt gebaut werden, sondern an mehr oder weniger spitz-trichterförmige Rauchfänge, wie sie über alten Kaminen (auch zum Zweck des „Räucherns") weit aufgebaut waren. Immerhin waren sie die Vorbilder für die **Akestiden** und die späteren langgestreckten **Giftkanäle**[2]). Nur nach dem Vorbilde der Räume, in denen man solche zufällige chemische Arbeit sich abspielen sah, hat man unzweifelhaft das Gerät für die zielbewußte Arbeit gebaut.

Und das geschah sicherlich in **Venedig,** das im IX. Jahrh. die Haupt- oder richtiger im Grunde die einzige Einfuhrstelle, der Haupthandelsplatz für Drogen aus dem Lande der aufgehenden Sonne war[3]). Es erscheint geradezu als Selbstfolge, daß man dort nach dem Muster der Produktionsländer **Salmiak, Zinnober usw.** selbst dargestellt oder wenigstens gereinigt hat, durch **Sublimation** oder **Destillation** in allererster Reihe unfehlbar[4]).

Bei **Geber** finden wir auch die später *Destillatio per filtrum* genannte, mit Destillation allerdings gar nichts zu tun habende Art des **Übersaugens von Flüssigkeiten** über den Rand in nebenstehende Gefäße mit Hilfe von Papier- oder Zeugstreifen oder Dochten, was beweist, daß er oder der kaum viel spätere wahre Verfasser seiner Werke und noch viel früher der erste Hersteller des Dochtes für die Lampen die Erscheinung der **Capillarität** lange vor Leonardo da Vinci kannte.

Schon Jahrhunderte vor **Geber** war im übrigen in Europa ein wahres, reines ätherisches Öl[5]) bekannt, denn Aetius von Amida, der in

---

[1]) Noch im XVIII. Jahrh. finde ich (bei **Ernsting** z. B.) als gleichbedeutend mit **Sal armoniacum Nestudar, Nosadar, Nusiadal, Nysadir** und ähnlich, auf das genannte Wort zurückzuführen, genannt. [Der Name kommt wohl aus dem chinesischen **Nu-scha** für ein **Ammonsalz** und persisch **daru**]. Es soll in **Badachsan** und den **Nuschadir-Bergen** in China im Lande **Farganato** gefunden worden sein. **Ammonverbindungen** dürfte man danach lange in China gekannt haben. Daß man **Ammoniak** in der Gestalt von **faulem Urin** in Alt-Rom sammelte und für Reinigungszwecke verwandte, sei nebenbei bemerkt.

[2]) Vgl. **Stapleton,** Sal Ammoniac. Memoirs of the Asiatic Society of Bengal. 1906. S. 26 ff.

[3]) Vgl. auch meine Geschichte d. Ph. S. 364 u. a. O.

[4]) **Hasselquist** berichtete (in der ersten Hälfte des XVIII. Jahrh.) nach Hören-Sagen von über 25 Fabriken, die aus **Ochsen-** und **Kamelmist** in Ägypten **Salmiak** anfertigten, der nach Venedig ging. Die geheimgehaltene Art seiner Darstellung glich sicher uralter Methode. Von damals moderner Kultur war das Land sicher unbeleckt.

[5]) Abgesehen von dem, den hier allein in Betracht kommenden pflanzlichen Ölen in vielen Eigenschaften sehr nahestehenden **Steinöl,** dem **Nephtar** der Israeliten, dem $M\eta\delta\epsilon\iota\alpha\varsigma$ $\ddot{\epsilon}\lambda\alpha\iota o\nu$ $N\dot{\alpha}\rho\vartheta\alpha$.

dessen zweitem Viertel am Hofe Justinians als *Comes obsequii* lebte [als Oberster der Leibwache] und nebenbei sich mit Arzneikunde aus Liebhaberei beschäftigte, erwähnt Caphura, unzweifelhaft unsern Campher, als kostbaren Bestandteil einer Salbe.

Jedenfalls war er im Vaterlande des Campherbaums lange bekannt, und es ist zu vermuten, daß der Zufall dazu geführt haben wird, ihn, auf dessen Spur der Geruch hingeleitet haben muß, in einer Art darzustellen, die kaum von der noch üblichen abgewichen sein wird: durch Auskochen des Holzes, Abschöpfen des auf der erkalteten Brühe abgeschiedenen festgewordenen Öls oder durch Sammeln des Dampfes in erst lose übergestülptem, nach einer Seite geneigten und dort einen „Tropfenfall" bildendem Dach, oder in einem fest aufliegenden mit nach außen abführender Tropf-Röhre versehenen Deckel.

Daß die Ruchstoffe sich in öligen Tropfen auf den Wässern abschieden, mit denen man sie aus den duftigen Pflanzenteilen ausziehen wollte, auf Narden-[1]) und Rosen-Wässern, die der Orient sicherlich seit uralter Zeit zu Parfüm-Zwecken dargestellt hat, muß den betr. Künstlern oder Handwerkern unzweifelhaft aufgefallen sein, und man darf aus dem, was oben von den bez. Kenntnissen der Alten gesagt werden konnte, schließen,

Abb. 10. Storchschnabel nach Porta.

daß Destillationen von Ruchwässern wirklich vorgenommen worden sind, daß es sich bei den oben gemachten Angaben über Rosenwasser wirklich um, nebenbei sicherlich in größerem Maßstabe angefertigte Destillate gehandelt hat. Nachrichten darüber schlummern vermutlich in handschriftlichen Mitteilungen im Orient und harren sprach- und sachkundiger Entdecker. Aus arabischen Werken, die wir zum größten Teil nur aus mittelalterlichen lateinischen Übersetzungen kennen, berichtete erst in allerletzter Zeit Eilhard Widemann in vortrefflichster Art und erklärte manche, auch sprachliche Unklarheiten[2]), und die von ihm zugegebenen Faksimile-Wiedergaben der Zeichnungen der benutzten Geräte unterstützen das Gesagte anders wie die mittelalterlichen bildnerischen Beigaben, die nach den oft mangelhaft verstandenen Texten oder ungelenk nach den im Maurenland geschauten Geräten gezeichnet worden sein mögen, das die wißbegierige Welt damals ebenso aufsuchte, wie einige Jahrhunderte später das gelobte Land Italien.

Der Rhazes des Abendlandes, Abu Bekr Mohamed Ben Zakerija el Razi, wie ich ihn auf S. 277 meiner Geschichte schrieb (Wiedemann gibt

---

[1]) Vgl. Marcus 14, 3. Johannes 12, 3 auch Plinius 12, 26. Von Kulturen von Ruchpflanzen berichtet die Bibel an vielen Stellen. Von Jerichos Rosen war oben die Rede.
[2]) Vgl. Diergarts Kahlbaum-Gedächtnisschrift S. 234 ff.

den Namen etwas anders), der „arabische Galen", an der Wende des IX. Jahrhunderts kannte zweifellos ʿAraq [Ahn des Worts Arrak. Im Orient noch viel gebraucht] al Khamr [durch Gährung] assakar [aus Saccharum, Zucker], der jedenfalls nur in schon recht vollendeten Geräten destilliert werden konnte. Wenn weiter der sog. „Kalender von Cordova" des Harib aus dem Jahre 921 die für die Destillation von Rosenwasser geeignetsten Zeiten aufzählt, so bestätigt das nur, daß Rhazes dieses Präparat dargestellt hat.

Er zählte (nach arabischer Gewohnheit?) am Anfange seiner Schriften die von ihm angewandten Geräte auf und beschrieb sie[1]). Eine solche Vorrede findet sich auch in dem *Kitâb al Asrâr* [nach anderen Quellen schrieb ich Ketaab], dem „Buch der Geheimnisse", und die dort gegebene Aufzählung lautet (soweit sie hier in Betracht kommt) nach einer Handschrift in der Leipziger Stadtbibliothek (Codex K. 215 No. 266 S. 4v. bis 5v.) in wörtlicher Übersetzung[2]):

Vierter Abschnitt über die Kenntnis der Geräte. Es sind dies:

1. *Al Kûr*, Ofen [wie *Furn* abgeleitet, jedenfalls vom lateinischen *furnus*].
3. *Al Bûṭaqa*, Schmelztiegel [ihm wohl auch nur ähnliches Gefäß].
9. *Al Quar*(ʿa)[3]), Kolben.
10. *Al Anbîq Dât al Chatm*, Helm [der griech. ἄμβις] mit Schnabel, gelegentlich auch Schwanz *Dunâba*.
11. *Al Qâbila*, die Vorlage, das Aufnahmegefäß (man steckt darein den Schnabel des *Anbîq*, ergänzen die *Mafatîh*).
12. *Al Aʿmâ*, der Blinde.
13. *Al ʿAmjâ*, die Blinde.
15. *Al Mauqid*, Ofen, Herd.
16. *Al Aqdâh* (Plural von *Qudaḥ*), Trinkbecher, nach Berthelot auch Retorte.
14. *Al Atâl*, Aludel.

[Diese Verdeutschung der arabischen Bezeichnung zeigt, wie man auch bei diesem Wort[4]) mit den gewohnheitsgemäßen Versuchen, sie etymologisch aus klassischen Worten — hier *aluta* Leder (= Schlauch ähnlich geformt) — zu erklären, fehl ging.]

---

[1]) Auch hier war unzweifelhaft das Arabertum für unser mittelalterliches Schrifttum vorbildlich: die vielen Werke *de secretis* (von Cardanus, Wecker u. a.), die von den zumeist die Lande durchstreifenden „Chymisten" von ihren Reisen mitgebracht oder nach der Sitte der Zeit aus früheren oder zeitgenössischen Rezept-Sammlungen abgeschrieben haben, folgten den Spuren des Rhazes und ihnen traten weiter Libav und seine Nachfolger, Schröder, Lémery, Spielmann, Hagen usw. bis Berzelius nach.

[2]) Hie und da gestattete ich mir, einige wohl geläufigere Kunstausdrücke einzusetzen.

[3]) An anderer Stelle, bei *Ibn al ʿAuwam*, auch *al Batn* und *Quâdûs*, d. h. die Eimer an den Schöpfrädern, also ihnen ähnlich gestaltet. Die Liste in den *Mafâtîh alʿUlûm* vergleichen den Kolben „derer, die das Rosenwasser darstellen", geradezu mit einen Schröpfkopf. Ernsting führt noch als Synonym für Kolben *Alcara* an.

[4]) Vgl. meine Arbeit in der Chemiker-Zeitung, Cöthen 1909, Juni.

17. *Al Qanânî* (Plural von *Qinnîna*), *Phiolen* (langhalsige Kolben).
18. *Al Qawârîr* (Plural von *Qarûra*), langhalsige Flaschen.
19. *Al Salâja*, Stein, auf dem Wohlgerüche gerieben werden.
21. *Al Atûn*, kleiner Ofen.
22. *Al Tâbistân*, größerer Ofen.
23. *Al Nâfich*, *Nafsihi*, der sich selbst Blasende (sc. Ofen, Authepsa).

Einige von diesen Geräten sind bei den Goldschmieden und anderen Leuten bekannt, andere sind nicht bekannt. Wir wollen, was nicht bekannt ist, erläutern.

(Wenn Rhazes hier daran erinnert, daß einige Geräte (z. B. der Blasebalg, die Blechschere, der Hammer usw., die hier nicht in Betracht kommen und deshalb nicht genannt wurden) den Goldschmieden und anderen Leuten bekannt seien, so scheint mir auch das dafür zu sprechen, daß er in erster Reihe bei den andern an mit Küchengeräten hantierende Leute und die engen Beziehungen zwischen der Küche und dem erst pharmazeutischen, dann den chemischen Gewerben denkt, wie oben klargelegt werden sollte.)

Der Tiegel, der Sohn des Tiegels. Es ist dies ein Tiegel (*Butaqa*) über einem andern. Im untersten Teil des obersten befinden sich ein oder mehrere Löcher. Man bringt in ihn das, von dem man will, daß es hinabsteige, zusammengeknetet mit *Natrûn* und Öl. Man umgibt ihn mit Kohle und bläst darauf. (Vgl. unten das Koshti-Geräth.)

(Das ist unzweifelhaft wohl eine Saigervorrichtung, aber auch ein Gerät zu einer *Destillatio per descensum*, ganz wie schon Plinius sie beschreibt. Das geht noch deutlicher hervor aus der weiter unten auf S. 242 am selben Ort übersetzt wiedergegebenen Handschrift, den scbon erwähnten *Mafâtîh al 'Ulûm*. In dessen Liste heißt es:)

Al Bût eber [persisch, dasselbe Wort wie unser „über"] *Bût*, Tiegel (oder allgemein tief-tiegelförmiges Gefäß). Es ist dies ein Tiegel, der an seinem untersten Ende durchlöchert ist und auf einen andren gesetzt wird. Die Verbindungsstelle zwischen beiden wird mit Ton gut gedichtet. Dann schmilzt man den Körper im oberen Tiegel; er fließt in den unteren, und seine Schlacke (*Chabat*)[1] sowie sein Schmutz bleiben im oberen). Man nennt das Verfahren „das Herabsteigen machen" [descendere].

---

[1] Es handelt sich bei diesem Worte, wie ich andern Orts (z. B. in der Cöthener Chemiker-Zeitung) ausgeführt habe, sicher um die sprachliche Grundlage der viel erörterten und äußerst gewunden (z. B. von Littré) erklärten Redensart kaput sein, gehen und schlagen. Alle Rückstände, alle ausgebraucht, damals als wertlos, wie Schlacke [beim Daraufschlagen von Eisen], abfallenden Stoffe waren den arabischen Lehrmeistern der nach Spanien wandernden Nordeuropäer, deren Fachsprache latein war, *Chabat*. Sie hörten aus dem Worte heraus oder bildeten sich das ihnen geläufige Caput. Porta nennt seine Destillationsrückstände Faeces (das, was bei der Lebensdestillation des Mikrokosmos, vgl. am Schluß, als abgebraucht abfällt) oder Sordes (Schmutz, was beim Destillieren non nisi *simplicium cadaver remanet, ut corpus* vita penitus *viduatum*). Als Teil des Ganzen setzte man das *Caput mortuum* ein, weil es gleicherzeit schaurig-mystisch anklang. Erst später verwandte man

(Es handelt sich bei dieser Arbeit wie bei unserm „Aussaigern" unzweifelhaft um ein Destillieren im Ursinne des Wortes. Ganz unzweifelhaft gehört hierher, was Ernsting in der zweiten Hälfte des XVIII. Jahrhunderts von der *Destillatio per descensum calida* oder *Transsudatio* berichtet:

„Es destillieren auf solche Art noch etliche alte Mütterchens das Rosenwasser, da sie über einen Topf ein Tuch spannen, darin sie Rosenblätter legen und einen Deckel darüber machen, einen glühenden Stein darauf legen, worauf das Wasser durch das Tuch in den untersten Topf schwitzet." (Vgl. unten die Destillation von Nelkenöl durch Lémery.)

Folgerecht gehört dann aber in der Tat auch die daran knüpfend besprochene *Destillatio per descensum frigida* hierzu. Als Beispiel bringt Ernsting:

„Wenn man etwas über ein Filtrum tut als *Sal Tartari, Nitrum fixum*, stellt es an einen kalten Ort, so fließet oder schmilzt es endlich wegen der Luft, die sich hinein ziehet, und läuft durch das *Filtrum per deliquium*."

An diese tatsächlich nicht zum Destillieren gehörige Arbeit erinnert noch das Synonym *Ol. Tartari per deliquium* für den *Liq. Kali carbonici* der Arzneibücher.)

Der Kolben und der Anbiq mit dem Schnabel dienen zum Destillieren von Flüssigkeiten. Der Kessel (*Qidr*), welcher über ihn geschoben wird, hat die Gestalt eines Kochtopfs (*Mirgal*). Die Gurke ist in dem Wasser eingetaucht, das höher steht als die Stoffe (*Dacdâ*, eigentlich Heilmittel), die sich in ihr befinden. Bei dem Herde (*Mustauqad*) befindet sich ein Kessel mit heißem Wasser, um aus ihm in den Kessel zuzugießen, wenn es abnimmt. Man muß acht geben, daß der untere Teil des Kolbens (Gurke?!) nicht den untern Teil des Kessels berührt.

(Es handelt sich also hier um eine Destillation im Wasserbade, ein [vgl. oben S. 22] *Diploma*, wie es schon als von Dioskorides [2, 86 und 3, 87) angegeben, erwähnt wird. In der Gurke — Kürbis wäre wohl eine richtigere Übersetzung, da doch wie es scheint, nur solche für flaschenähnliche Gefäße gebraucht worden sein dürften — finden wir wohl das erstemal, die später als Kunstausdruck gängige *Cucurbita*. Daß ein Topf mit heißem Wasser vorgesehen ist zum Ersatz des verdampften, eine Nachfüllvorrichtung zum erhalten eines konstanten Niveaus, spricht für den Praktiker Rhazes).

Man sublimiert bisweilen in verkitteten Kolben, die in dem Herd über einer Unterlage (*Sakin*) von Ton befestigt werden, oder es (das

---

das allgemein gültige Wort für ein Sonder-Caput, den Colcothar [was wohl ganz willkürlich gebildet ist], den Rückstand bei der Destillation des Nordhäuser Vitriolöls. Kaput gegangenes oder geschlagenes ist dem Abfall gleich saft- und kraftlos, wie Schlacke, unter die man ja nicht mehr nur Hammerschlag, sondern die vielen „toten" Abfallstoffe rechnet, die das Kreuz der Schlackenhalden bilden.

zu sublimierende) wird auf einen Kessel gesetzt, in dem sich Asche befindet, und unter den man Feuer macht. Dies ist für die Lernenden näher liegend (ratsamer?). Oder der Kolben wird auf einen Backstein aufgestellt, auf dem sich Asche befindet. Die Asche wird an die Seiten des Kolbens angestopft.

(Es handelt sich also hier wieder um ein Aschenbad, wie es oben schon als bekannt erwähnt worden ist (S. 22), um eine *Capella cinerea*, wie die Vorrichtung in späterer Zeit genannt wurde. Was die Stelle betrifft, über einer „Unterlage von Ton", so muß sie wohl als ein „Beschlagen" mit Ton gedeutet werden, und diese Deutung wird als berechtigt erwiesen durch eine andre Anweisung in den schon erwähnten *Mafâtîh al'Ulûm*, daß man auf den Windöfen mit Geräten, Krügen *Kûr* arbeitet, die mit Lehm bestrichen wurden, arab. *Mutajjan*.)

Al 'Amja, die[1]) Blinde dient zum Lösen der Geister und der Körper (d. h. flüchtiger und fester Stoffe). Sie ist ein Anbiq, dessen Vorderteil keinen Kanal hat (in dem *Mafâtîh al 'Ulûm* steht geradezu: Anbiq ohne Ansatz). Sie dient zum Hineinbringen dessen, was man in dem Kolben durch eine scharfe Flüssigkeit lösen will. Man setzt auf sie den Anbiq und macht die Verbindung fest. Das ist das (mit Ton) verschmierte Bad (*al Hamâm al madmûm*).

(Es handelt sich um ein blindes Digeriergefäß, wie wir es oben schon kennen lernten und noch kennen lernen werden, um einen Kolben, auf dessen Hals ein Helm mit geschlossener Ablaufröhre (Schnabel, Schwanz wird sie oben No. 10, S. 28 genannt), gekittet ist.)

Al A'mâ, der[2]) Blinde, ist ein Becher (*Qadah*), der aufgepaßt ist. Man setzt ihn über einen Kolben, in den man die zu lösenden Dinge bringt. Man hängt ihn über einem Herde auf und bringt unter ihn das Feuer einer Lampe (*Masch'al*) oder einer Kerze (*Qandîl*) oder einer Kohle oder von heißer Asche. Man achte darauf, daß es nicht erlischt oder erkaltet, ehe sie (die Dinge) gelöst sind und sich dann verdickt haben.

(Auch hier hat man es mit einem geschlossenem Digeriergefäß zu tun, in dem Lösungen vorgenommen werden sollten, so daß die Lösungsmittel vor Verdampfen geschützt werden und in ständigem Kreislauf zirkulierend verdampfen und, im obern Teile kondensiert, wieder zurücktropfen, destillieren. In den später im Bilde wiederzugebenden Gefäßen finden sich solche, die aus dem Blinden oder der Blinden entstanden sein können. Noch im XVIII. Jahrhundert unterschied man zwischen *Alembicus rostratus* und *coecus*. Es erschien jedenfalls immer noch zweckmäßiger, sowohl das Destillations- wie das Zirkuliergefäß (für Lösungen und Digestionen) aus zwei Gefäßen zusammenzusetzen. Das später noch zu besprechende „hermetische" Verschließen schon setzte das Gefäß der

---

[1]) Weiter unten wird beschrieben, wie die „Kugel in Zeug eingeschnürt und darum entsprechend Ton geschmiert", wie sie also auch „beschlagen" wird. S. 239 bei Wiedemann.
[2]) Hier schon die Trennung der Geräte nach dem Geschlecht. Vgl. unten.

Gefahr des Zerbrechens aus. Sein Öffnen bedeutete zumeist wohl das Ende des Gefäßes.)

Al Atâl dient zur Sublimation trockner Körper (die *Mafâtîh* setzen zu: aus Glas oder Ton gefertigt. Er hat die Gestalt eines Korbes mit einem Deckel und Schlauch, also wohl mit nach oben schlauchähnlich[1]) ausgezogenem Deckel. Er dient zum Sublimieren von Quecksilber, Schwefel, Arsen [arab. *Zarnich,* wie er noch bei Ernsting genannt wird] oder Auripigment), der Anbîq zur Destillation von Flüssigkeiten, Phiolen zum *tachnîq* (Erwürgen) von Sublimaten, die Becher (*Agdâh*) sind erforderlich zum Erhitzen (*Taschwîja*).

(Man kann immerhin annehmen, daß die *Atâl,* gestaltet wie Anbiq ohne Schnabel, aber oberseits durchlocht, so daß oben weitere Anbiq darauf befestigt werden konnten, im wesentlichen den späteren *Aludeles* ähnelten, als deren Erfinder (seine Aludelesketten liegen) für gewöhnlich, wie das voraufgehende zeigt, sicher mit Unrecht der Spanier Barba angesehen wird. Daß sie wirklich *Al Atâls,* schnabellose, blinde Anbiqs waren oder aus ihnen hervorgingen, dafür spricht auch, daß Libav eine Reihe solcher aufeinander gereihter Anbiq abbildet[2]) und beschreibt, ferner daß z. B. Ernsting 1710 noch sagt: Blinde Helme, *Alembici coeci* werden immer einer auf den andern gesetzt, soviel man davon nötig hat, daher heißt solches Gefäß *Alembicus continuatus* s. *Capitella sibi invicem imposita* im Gegensatz zur *Cucurbita coeca,* dem einfachen oben zugestopften oder verschmolzenen Kolben.)

Daß die Sublimationsgefäße Al Atâl und Al Aqdâh zum „Tachnîq" dienen sollen, zum „erwürgen", ist wohl richtiger so zu deuten, daß das Sublimat schließlich die oberen Teile, den aufgesetzten blinden Ambik oder die geschlossene Röhre des langhalsigen Kolben zusetzt, also „erwürgt".

Daß der „Ambik zum Destillieren dient", läßt vermuten, daß damals zu solchem Zweck zusammengesetzte Geräte, keine „Retorten" gebraucht wurden.

Die zum Erhitzen gebrauchten Aqdâh waren wohl wirklich topf- oder becherähnliche Gefäße, zu allen möglichen Arbeiten brauchbar, die in den späteren Urinalia, Buccia, Ova vitrea (vgl. weiter unten), dann in den Zuckergläsern, wie sie die Küche und die Apotheke als Aufbewahrungsgefäße nutzten und spät erst in den Bechergläsern Nachfolger fanden.

Die angegebenen Wärmequellen, Lampe und Licht, zeigen, daß die Annahme, es handle sich bei den φῶτα der Kleopatra wirklich um dieselben, in erster Reihe zur Beleuchtung gebrauchten Gegenstände, berechtigt ist. Beide waren schon in klassischen Zeiten so vervollkommnet, daß sie sicherlich auch zum Erwärmen benutzt wurden da, wo es sich

---

[1] Vgl. oben die Rauchfänge, in denen sich das Kamelmist-Sublimat ansetzte.
[2] Vgl. unten die Abb. U anf der *Planche seconde* nach Lémery.

um Erzielung einer langdauernden, gleichmäßigen oder (durch mehr oder weniger starkes Herausziehen des Dochtes oder Anwendung mehr oder weniger Lichter) beliebig zu verstärkenden oder zu verringernden Hitze handelte[1]). Später kann ich sie nochmals erwähnen.

Noch wenige Worte über den sich selbst blasenden Ofen Al Tannûr: Sein unteres Ende ist enger als sein oberes. Er ist auf drei Füße gestellt und in seinen Seiten befinden sich Löcher. Er wird auf eine Bank gestellt. In der Mitte an seinem untersten Ende befindet sich

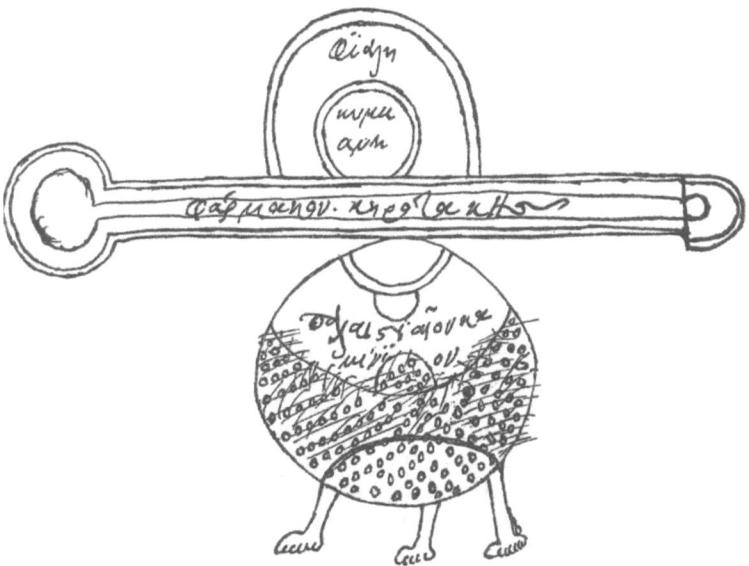

Abb. 11. Vermutlich eine Authepsa.

eine Öffnung (*Kuwwa*), um aus ihm die Asche zu nehmen. In seinen untersten Teil bringt man die Kohle und setzt in ihn, was man kalzinieren will, und es wird mit Kohle (vermutlich das Gefäß ringsherum) bedeckt. Du stellst ihn auf, wo ihn die Winde treffen, und sein Feuer ist sehr kräftig.

Sprachlich ist Al Tannûr, der wieder aus dem altorientalischen Heizgerät Tennor oder Tendo(u)r hervorgegangen sein dürfte, unzweifelhaft der Vorläufer des künftigen Athanor, und seine Herleitung von α θάνατος sicher so falsch wie die der Aludeles von Aluta. Sonst aber handelt es sich augenscheinlich nur um einen Windofen, einen

---

[1]) Appul. met. IV. 18 p. 28 f. zählt hierher gehörig auf: *Taedis, lucernis, cereis, sebaceis et ceteris nocturni luminis instrumentis clarescunt tenebrae.*

Anemius [ἄνεμος Hauch, Wind] oder *Furnus ventosus*, so genannt, weil, wie Ernsting, fast mit des Rhazes Worten, erklärt: weil der Wind oder die Luft unten durch das Aschenloch zieht, er also selbst das Feuer anbläst und das noch mehr natürlich, wenn er hoch „auf der Bank" oder da steht „wo ihn die Winde treffen". In den Mafâtîh al 'Ulûm heißt es, daß Boden und Wände des „Geräts mit eigenem Zug" durchlöchert gewesen seien, also ganz wie das klassische Beispiel der 'Ανθράκιαι und *Foculi*, und daß es eine Unterlage von Ton gehabt habe, daß es, modern zu reden, also unzweifelhaft mit Ton gefüttert gewesen sei oder eine Toneinlage gehabt habe.

Man wird unschwer nach dieser Beschreibung einen selbstblasenden Ofen in der Abbildung, die die schon genannte Alchemistin Maria ihrer Arbeit (Ms. alch. Fol. 1. Bd. 1, S. 175 der Casseler Bibliothek) beigibt, erkennen, einen Ofen, der in der antiken, auch dem Namen nach hierhergehörigen Authepsa, ἀνθέψα [αὐτὸς selbst, ἔψω sieden, kochen, also Selbstkocher] sein noch älteres Vorbild hat. Vgl. S. 33.

Auf dem querliegenden Instrument, scheinbar einer oben und unten geschlossenen Röhre, steht φάρμακον und κεροτακὶς [κέρος Wachs und τάσσω?]. *Ceratio* und *Cereficatio* hieß alchemistisch das *Magisterium Lapidis*, die gänzliche Perfection desselben, eine „*Solutio* oder *Congelatio*, z. B. wenn man ein Salz in Wasser solvieret oder auflöset, das Wasser abrauchet und zu Crystallen anschießen läßt", und *Cereficatio* wurde schließlich „der dritte Grad des Feuers genannt in des Arabers Geber Prozeß, wie es in (wessen?) Theatr. Chymic. Vol. IV. p. 38 beschrieben steht". Arabisch hieß die Cereficatio *Taschmi*.

Von Jahja (Johannes) Ben Maseweih Ben Ahmed Ben Ali Ben Abdallah, gewöhnlich Mesue der Jüngere genannt, dem *Evangelista pharmacopoeorum*, gestorben wohl 1015, wissen wir aus seinem Grabaddin von jedenfalls brenzlichen ätherischen (Wacholderholz und andern) Ölen und destillierten Wässern zu seinen Sirupen, die er sicher selbst darstellte.

Der ziemlich gleichzeitige *Abul Kasim el Zahrawi*, der abendländische (A)Bulkasis lehrt Essig durch Destillation reinigen (und verstärken), er destilliert Wein, sublimiert Salmiak aus (Kamel-)Dünger, er nennt den „*Athanor*" usw. Rosenwasser lehrt er ohne und mit Wasser darstellen. Ersteres röche übel (jedenfalls etwas brenzlich). Bei dem Verfahren „mit Wasser" handelt es sich — die lateinische Übersetzung ist sehr verworren — allem Anschein nach um eine Destillation aus verbessertem Wasserbade. Das Aufnahmegefäß [er nennt es *Berchile*, was dazu geführt hat, irrtümlich hie und da das ganze Gerät so zu nennen] wird von einem nebenstehenden aus gespeist und die Glas- oder Tonkolben, deren Helme unter Zuhilfenahme von Leinenstreifen aufgedichtet sind, werden in ähnlicher Art fest und dicht in die ausgesparten Löcher des Deckels gesetzt. Es würde sich also um ein Gerät handeln, das eine Verbindung von den in den Abbildungen 12 und 13 wiedergegebenen ohne weiteres verständlichen dargestellt haben mag.

Es dürfte nicht zum wenigsten das Verdienst von Arnaldus v. Villanova gewesen sein, daß er, zeitweise wenigstens in Barcelona Araberwissenschaft studierend (von 1281 ab), das dort geschaute vermutlich erst nach Salerno, dann nach Montpellier und Paris und dadurch nach dem Norden gebracht hat. Er, allem Anschein nach, benutzte zuerst das arabisierte, altorientalische Wort für äußerst fein verteiltes[1]) Antimon, *Kochl*, die färbende Grundlage der Augenschminken, als Alkohol, für sein Weindestillat, das er, mit Würzstoffen und Zucker „konfiziert", als belebendes und anregendes Arzneimittel zuerst Lebenswasser, *Aqua ritae* nannte. Er stellte ein *Oleum mirabile* dar, das größtenteils Terpentinöl war, er auch lehrte in seinem Traktat „*De vinis*" die Darstellung eines weinigen Rosmarindestillats, der künftigen *Aqua Hungarica*.

Abb. 12. Destillation aus dem Wasserbade nach Lonicer.

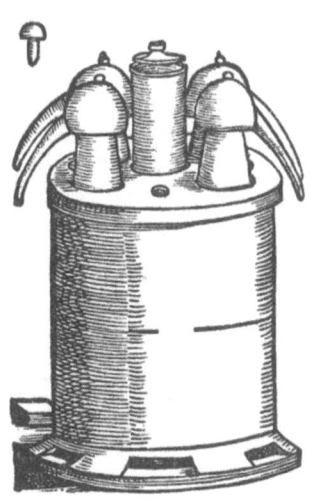

Abb. 13. Destillation aus dem Wasserbade mit Füllofen nach Ulstad.

Daß um dieselbe Zeit in Arabien, im Orient die, wie schon gesagt, sicherliche uralte Darstellung von Ruchwässern wirklich in großem Maße geradezu fabrikmäßig betrieben wurde, belegt in einer Art Weltbeschreibung aus dem XIII. Jahrhundert Dismaschqî. Er beschreibt[2]) und erläutert bildlich die damals in Al Mizza bei Damaskus betriebene Darstellung (*Istichrâq*) von Wasser aus Rosen[3]), Ochsenzungen,

---

[1]) An diese alte Bedeutung erinnert noch der in der Pharmazie übliche Kunstausdruck „alkoholisiertes", d. h. höchst fein verteiltes Pulver, z. B. *Ferrum alcoholisatum*.

[2]) Wiedemann macht auf sie l. c. auf S. 246 aufmerksam, ed. Mehren arab. Text S. 53 und 194. Übersetzung v. Mehren S. 58 und 264.

[3]) 20 Zentner besonders gute kosteten, wie Dismaschqî angibt, im Jahre 665 v. Chr. in Damaskus 22000 Dirham. Rosenwasser wurde in Gûr in der Nähe von Schiras (später Fairuzâbâd) vorzüglich dargestellt, aus leuchtend roten Rosen.

(*Buglossum*[1]), Seerosen[2]), Levkojen[3]), Moschusweide (?), Orangenblüten[4]), Cichorie[5]) usw.

Nach der Abbildung, die vermutlich der Wirklichkeit sehr wenig entspricht, und der von Wiedemann beigegebenen Beschreibung lagen kolbenähnliche Destillationsgefäße in einem turmähnlichen Ofen in mehreren Geschossen, radial über- und nebeneinander gebettet, auf Unterlagen von persischem Rohr, so daß ihre Hälse (Halq) und ihre Mündungen

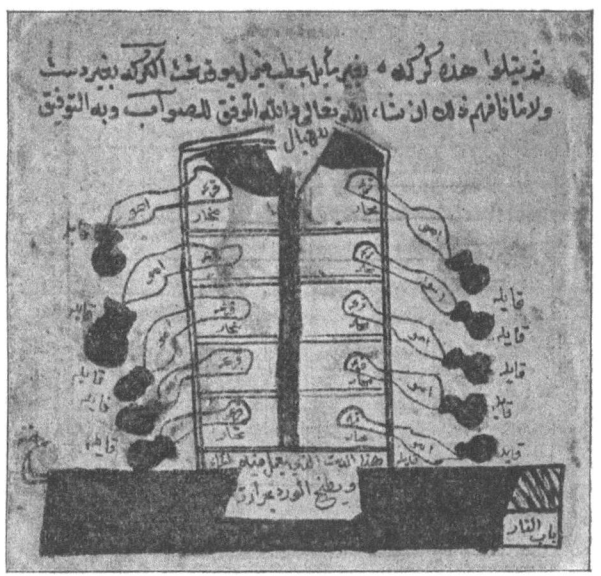

Abb. 14. Altarabische Destillation von Ruchwässern im Dampfbad.

---

[1]) Vermutlich *Anchusa Italica* bei Dioskorides. *Aqua Buglossi*, zumeist wohl *Boraginis*, oder beide gehörten neben *Aq. Rosarum* und *Violarum* zu den *Aquae quatuor florum cordialium*.

[2]) *Nymphaea alba* führt Dioskorides auf.

[3]) *Flores Cheiri*, Goldlackblüten vermutlich.

[4]) Daraus ginge, die richtige Übersetzung vorausgesetzt, hervor, daß schon vor Porta, gest. 1615, die Blüten der Pflanze destilliert wurden, die ihre Heimat in Indien haben sollen. Es soll die Pflanzen schon im IX. Jahrhundert von den Arabern in Syrien und Arabien und etwa ein Jahrhundert später in N.-Afrika, Spanien und Italien eingeführt worden sein. 1598 erwähnt Matthioli das Wasser als viel gebraucht. In Frankreich wird im XVI. Jahrhundert eine Destillation von Eau de Nafe oder Naphe erwähnt, 1600 wurde es in England gegen Pest gebraucht und in einem französ. Tarif als Preis des cent pesant (des Zentners) 3 Livres angegeben. Auch der Name, ital. Nanfa und Lanfa vom arab. Nafah spricht für arab. Herkunft des „Wohlgeruchs". 1681 erst soll eine Herzogin Flavio Orsini, Prinzessin Neroli, das Öl in die Mode gebracht und Veranlassung zum jetzt gebräuchlichen Namen gegeben haben.

[5]) *Aq. Cichorii* war noch vor nicht langer Zeit im Gebrauch. Der Same gehörte als *Sem. Scarioloe* zu den *Quatuor semina frigida minora*, neben *Sem. Endiviae, Lactucae* und *Portulacae*.

(also ihre Anbiq) heraus in die Vorlagen hineinreichten. Mitten soll ein Schacht aufwärts gehen über einem Wasserkessel, dessen Inhalt von einer seitlichen Feuerungsanlage aus ins Sieden gebracht wird. Für den Rauchabzug ist gegenüber ein Rohr eingesetzt. Der Dampf soll von dem Mittelschacht aus die Kolben umspielen und schließlich oben entweichen. Daß diese Wärmequelle für eine Destillation nicht hinreichen konnte ist klar, ebenso wie, daß in den, in etwas an die bei der alten Destillation des Nordhäuser Vitriolöls gebrauchten Gefäße erinnernden Kolben eine Destillation ganz ausgeschlossen war. Der Zeichner wollte vermutlich Öfen darstellen, gleich „quibus", wie Matthioli[1]) im XVI. Jahrhundert berichtet, „*Veneti* ac *Neapolitani* utebantur, fornaces qui vitreis alembicis abundant"[2]), um möglichst an Feuerungsmaterial und Platz zu sparen. In beiden Fällen sind sehr niedrige, tatsächlich korb- oder schröpfkopfähnliche Kolben verwandt, in einem Falle mit Helmen, die immer eine Art Krempe oder Sims haben, im andern Falle ihn entbehren. Oberseits tragen die letzteren Knöpfe angeschmolzen, an denen die Vorlagen festgebunden sind. Einen Ofen mit terrassenförmigem Aufbau und konischen Helmen wiederum mit simsähnlicher Auffangerinne zeigt die Abb. 16. Nach einem gleichzeitigen Vorbild. Auf der Abbildung S. 17 sind Rosenhut-Alembik dargestellt.

Abb. 15. Altarabische Ruchwasserdestillation.

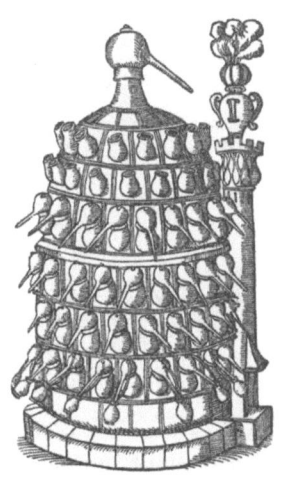

Abb. 16. Italienisches Destillationsgerät.

Von anderen Abbildungen aus Dimaschqîs Werk bringt Wiedemann noch eine, die immerhin ähnen läßt, daß die Retorte auch im Wasserbade richtiger nur im Dampf steht. Eine erfolgreiche Destillation ist auch hier wohl anzuzweifeln. Vgl. Abb. 18.

Wie ein konzentriertes zusammengesetztes, in erster Reihe Rosenwasser dargestellt wurde, beschreibt der schon

---

[1]) Vgl. dazu die Beschreibung des Apparates von Matthioli auf S. 45.
[2]) Vgl. auch unten S. 45.

erwähnte Araber Al Gaubari in seinem „Buch von den Geheimnissen". Im Kapitel über die der Arznei- und Würzwarenhändler (Apotheker, Drogisten), die sich übrigens „vieler Kniffe und Fälschungen schuldig machten", sagt er:

Abb. 17. Reihenweise angeordnete Destilliergeräte.

Herstellung des Rosenwassers: Sie nehmen iraqische Rosen, die einen Tag und eine Nacht in reinem kostbaren Rosenwasser mazeriert wurden, stopfen sie in einen Kolben und bringen in die (Ablauf-) Röhre (Bulbula) des Anbiq ein Korn Moschus und setzen zu jedem Ratl Rosenknospen[1]) 10 Dirham Gewürznäglein (Kabsch Qaranful, vielleicht arabisierte Caryophylli) und 2 Dirham Cardamom (Hâl). Das destillieren sie auf gelindem Feuer über. Das Destillat bringt man in einen gläsernen Krug, dessen Hals man verschließt, setzt ihn in Baumwolle, dann in eine Schachtel und hütet es vor der Luft und davor, daß nichts von dem Geruch austritt.

Abb. 18. Altarab. Destillation aus dem Dampfbade.

Will man (gewöhnliches) Rosenwasser herstellen, so nimmt man süßes reines Wasser und bringt es in einem Kessel (Tingir) durch

---

[1]) Hier wohl ein syrisches Ratl, das viel schwerer ist, als das etwa 400 g wiegende von Bagdad. 1 Dirham = etwa 3,1 g.

gelindes Feuer zum Sieden, bis ein Drittel fortgegangen ist. Dann nimmt man es herunter und schützt es vor Staub. Ist es erkaltet, so nimmt der, der das Elixir (das obige konzentrierte Destillat) bereitet hat, für jedes Bagdadische Ratl des gekochten Wassers 3 Dirham von dem Elixir. Die Öffnung des Zuflusses wird geschlossen, und es drei Tage in die Sonne gesetzt[1]).

Die Vorschrift ist auch aus dem Grunde interessant, weil das Abkochen des Wassers und Verdampfen bis auf zwei Drittel seines Gewichts sicherlich als ein Sterilisieren anzusehen ist, das demnach schon etwa 500 Jahre vor Spallanzani geübt wurde.

Es kann hier hintangestellt werden, ob der äußerste Osten, China, Indien, wie ich das annehme, seine Wissenschaft westwärts gegeben hat, ob die klassischen Völker umgekehrt sie wissenschaftlich befruchtet haben oder ob Ost und West ganz selbständig ihre eigenen Wege gingen; ich möchte auch dahingestellt sein lassen, ob die Werke, über die Praphulla Chandra Ray[2]) berichtet, wirklich der Zeit angehören, in die sie eingeordnet zu werden pflegen. Sie müssen aber doch an dieser Stelle erwähnt werden, weil sie allem Anschein nach auf uralte Muster zurückblicken können und sich unzweifelhaft auf Erwägungen und Überlegungen stützen, die oben als allgemein maßgebend vorgetragen wurden.

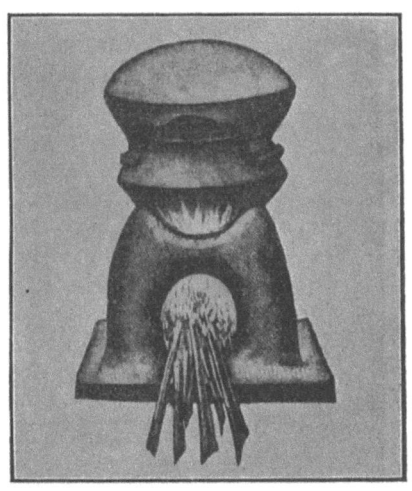

Abb. 19. Patana-Yantram.

Ray verlegt die Entstehungszeit des *Rasaratna samucchaya*, den Traktat über die Arbeiten mit Quecksilber und Metallen, verfaßt von Simhagupta, dem Fürsten der Ärzte, in den Anfang des XIV. Jahrhunderts. Das Werk gibt ja aber doch nur die Weisheit früherer Zeit wieder, und die aufgezählten und abgebildeten Yantra, die Geräte, ähneln sicher Vorläufern aus längst vergangener viel früherer Zeit.

Ein Blick auf das Patana-Yantram, das Gerät für Sublimation und Destillation, zeigt, daß es „aus zwei übereinandergestülpten, grapenförmigen Gefäßen besteht", also im wesentlichen dem Gerät von Dios-

---

[1]) Wiedemanns Übersetzung, l. cit. S. 249 ff.
[2]) In A History of Hindu chemistry, Calcutta 1902.

korides gleicht. Es wird vollkommener durch das Verkitten mit einem zweifellos vortrefflichen Kitt aus Ton, Rohzucker, Eisenrost und Kuhmilch.

Der Koshti-Apparatus ist in erster Reihe für die Darstellung von Zink aus Galmei bestimmt, er gleicht ganz und gar den Geräten für absteigende Destillation bei Plinius. Das Anfachen des Feuers mit Hilfe eines Blase-Balgs [in des Worts ursprünglicher Bedeutung: eine zum Blasen eingerichtete, abgebalgte Tierhaut] ist eine Verbesserung.

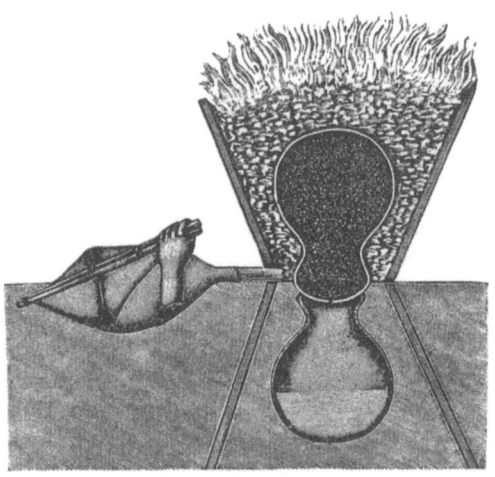

Abb. 20. Koshti-Apparatus.

Tiryakpatana yantram zeigt eine Destillationsvorrichtung mit allen für ihre Eigenart in Betracht kommenden Teilen. Einen auffallenden Unterschied zeigt das Ablaufrohr, vermutlich sich anlehnend an die „Schnauze", den Ausguß der krugförmigen Gefäße. Aus dem Kolben ab und nach unten geht es in ein ganz ähnlich gestaltetes Vorlagegefäß. Der Ambix ist hier lediglich Deckel. Die vorgesehene Kühlung ist immerhin als Vorsprung gegen die oben geschilderten Geräte aufzufassen.

Es dürfte kaum bestritten werden, daß im Abendlande Arnaldus von Villanova mit seinen Werken der Destillation die Bahn brach für ihren Eintritt zuerst in die „offiziellen", gesetzlich dafür bestimmten Stätten der Arzneibereitung, die Apotheken. Ihre Aufgabe, ihr Bestreben war ja, wie das der Urfrau am häuslichen Herde, aus den natürlichen Arzneistoffen geeignete Mittel auszuziehen, zu extrahieren, jetzt zu destillieren, und zu konfizieren. Erklärlich ist, daß auch Klöster, die frühzeitig die Arzneikunst erst für ihre Insassen und deren kranke Pfleglinge, dann für die Öffentlichkeit (vielleicht nicht so sehr aus charitativen Erwägungen als von der Erkenntnis der Richtigkeit des Spruchs: „Dat Galenus opes" getrieben, um ihren Säckel zu füllen) pflegten, die Destillation von *Aqua vitae*, dann von ätherischen Ölen eifrig, großzügig betrieben. Ich erinnere an das Kloster der Dominikaner Santa Maria Novella in Florenz, das, sicher nachdem lange vorher die Klosterapotheke solche Destillationen in beschränktem Maße vorgenommen und die zugrunde zu legenden Erfahrungen festgelegt hatte, Ruchwässer und Öle seit dem

Abb. 21. Tiryakpatana Yantram.

Anfang des XVI. Jahrhunderts im Großen darstellte, jedenfalls zu großen Teilen mit Pflanzen, die sie selbst gezogen, dann an die Benediktiner und die Karthäuser mit ihren *Aquae vitae*, die ihren Namen in alle Welt brachten usw.[1]) Es ist übrigens völlig begreiflich, daß solche Hantierung auch andre Übergriffe in das Gebiet der gedachten staatlich überwachten und dafür geschützten Heil- und Arzneibeflissenen nach sich zog. Es begann die Zeit der von einem Heer handwerksmäßig arbeitende Wasserbrennern und -Brennerinnen (in England *Aquavit-women*) betriebenen Destillation von alkoholischen Lösungen ätherischer Öle und würziger und bitterer Extraktivstoffe, die erst als arzneilich wirkende Lebenselixiere, als Confortantia, Stomachica, Aromatica, Carminativa empfohlen und getrunken wurden und die sehr bald die Maske des Heilmittels abwarfen, als Schnaps ein Genußmittel wurden und die Brannt-

---

[1]) In meiner Geschichte der Pharmazie findet man eine Menge von hierhergehörigen Angaben.

weinpest entstehen ließen, gegen die schon frühzeitig behördliche Verordnungen erlassen werden mußten. Im übrigen wurden sie zur Besteuerung herangezogen und warfen auf diese Art dem Volke doch einigen wirtschaftlichen Nutzen ab.

Wie die Destilliergerätschaften damaliger Zeit ausgesehen haben, das verraten uns, seit der Erfindung der Buchdruckerkunst, eine Menge von, wenngleich recht ungelenken Bildwerken. Es ist ohne weiteres verständlich, daß sich die „schwarze Kunst" mit großem Fleiß in den Dienst

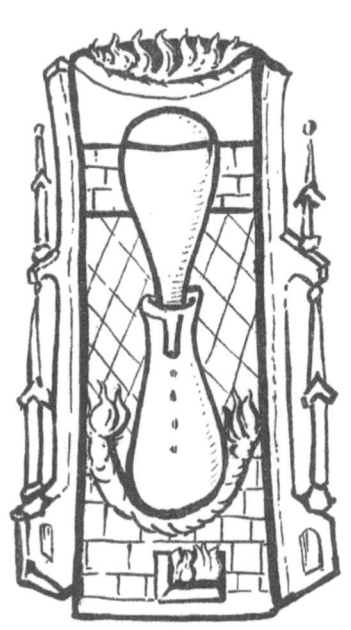

Abb. 22. Digeriergerät aus dem XV. Jahrh.

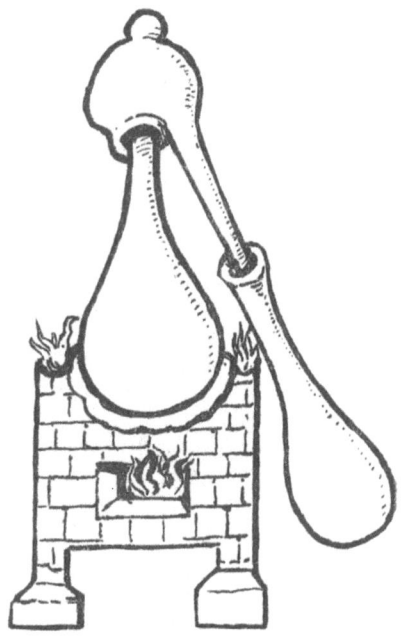

Abb. 23. Destilliergerät aus dem XV. Jahrh.

des Kampfes um das höchste Gut der Gesundheit stellte. Ihr galt ja der ganzen Naturwissenschaften, der „Physica" und in Sonderheit zuerst der „philosophischen Kunst" der Alchemie ganzes Streben. Mit ihrer Universal-Tinktur, ihrem (El)Iksir mit dem Stein der Weisen wollten sie ja unedles Metall in Gold veredeln, weil im Grunde nur dieses allein das Leben lebenswert machte. Die ältesten Abbildungen von Geräten, die lediglich alchemistischen Zwecken dienten, enthält eine Handschrift des Nürnberger National-Museums jedenfalls aus dem Besitz des ersten Hohenzollernschen Kurfürsten Friedrich I. Die in ihm dargestellten Geräte[1] erinnern unzweifelhaft an die oben erwähnten der Kleopatra u. a.

---

[1] Die Abbildungen sind mir von der Direktion freundlichst dargeliehen worden.

Interessant erscheint das Digeriergefäß mit der helmähnlichen Erweiterung, in deren Krempe unzweifelhaft sich z. B. Äther, Äthylnitrit u. dgl. nach dem Abkühlen der so lange unter Druck in Berührung gewesenen Chemikalien gebildet haben müssen. Vgl. unten.

Nachdem man sich von der Unerfüllbarkeit der ersehnten „Permutation" überzeugt hatte, beschied man sich, die Chemie in den Dienst des Arztes zu geben, der Iatrochemie die Aufgabe zu stellen, durch Bekämpfen der Krankheit, durch Ersinnen von Vorschriften zu *Aqua vitae*, zu *Elixir ad longam vitam*, von Athanasia, Panaceen usw. wenigstens einen Teil der früher erstrebten Aufgaben zu erfüllen — und nebenbei Gold zu schmieden.

Nicht eben deutlich zeigt eine Abbildung aus einem, wohl dem ersten Buch, das sich mit Destillationen befaßt von Michael (Puff aus) Schrick, doctor der erczenei", dem „Verzeichnis der ausgebrannten Wasser" zuerst Augsburg 1483, einen Apparat, wie ihn die schon genannten, vielen, später staats- oder stadtseitig „geschworenen" Wasserbrennerinnen (das sie der Regel nach auch Heiratsvermittlerinnen waren, läßt vermuten, daß sie am Ende, wie ihre klassischen Vorgängerinnen die römischen Sagae, vor Nebengeschäften nicht zurückbebten, die das Licht des Tages scheuten)· für ihre Arbeit brauchten. In der Hauptsache interessiert der jetzt turmähnlich hochgezogene Alembik, der sog. Rosenhut, der jedenfalls gar nicht übel im oberen Teile die schwerer siedenden Teile sich verdichten und zurückfallen ließ, während andre in dem zurückgekrempten untern Teil sich sammelten und je nachdem in die Blase zurück, oder (etwa wie aus dem, fast vier Jahrhundert später von Hermann Hager ersonnenen Dunstsammler) in das Ablaufrohr liefen. Ähnliche Rosenhüte sehen wir auf dem auf dem Bilde aus Hieronymus Brunschwyks „Liber de arte destillandi, das Buch der rechten Kunst zu destillieren die eintzigen Ding", das zuerst 1500 in Straßburg und später noch unter vielfach wechselnden Titeln oft erschien, und auf dem andern von dem Meister des Trostspiegels vom Jahre 1530. Vgl. auch oben Abb. 17.

Beide Abbildungen zeigen gleicherzeit, wie das Destillieren von „wesentlichen" (weil sie das eigentliche „Wesen", den wirksamen Bestandteil der Pflanzenstoffe darstellten, die *Quinta Essentia*, das wahre Ens oder Esse [gr. οὐσία] in ihnen. Die Franzosen behielten in der Hauptsache den Ausdruck *essentielle* bei, Lémery erwähnt nur, daß Boerhave sie *Spiritus rector, Esprit recteur*[1]) genannt habe, während wir, nach der Flüchtigkeit und Luftähnlichkeit der Stoffe den Ausdruck ätherisch [$αἰθήρ$]

---

[1]) In seinem „Elementa chemiae" Lugdani Batav. 1732 spricht er die Meinung aus, daß die flüchtigen Öle aus einem in Wasser nicht löslichem, grobem harzähnlichem Stoff, der Mater oder dem Gas und einem subtilen, dem Äther ähnlichen, schon genannten bestünden, der in Wasser sich löse und das wesentliche, für den Geruch der einzelnen Stoffe eigentümliche darstellt, während die Mater stets dieselbe sei. Durch Luft und Luftzutritt und Entweichen des Spiritus werde das dick und harzig werden, das Verderben der Öle bewirkt.

𝕭on den vß gebrenten waſſern
Ein gůts nützlichs büchlyn. In wölcher maß man die zů den glydern nützen vnd bzuchē ſoll/ als dann meyſter Michel Schrick doctor der ertzney die dē menſchē beſchriben hat.

Abb. 24.

wählten) Ölen oder von mit ihnen beladenen Wässern gleich an Ort und Stelle in den Viridarien, den Kräutergärten abgezogen wurden, die häufig, zum Teil wie bei Bamberg auf dem Michaelsberg, bei Würzburg (Herbipolis), in Südfrankreich usw. in großem Maßstabe angelegt

Liber de arte diſtillandi. de Simplicibus.
Das buch der rechten kunſt zů diſtilieren die eintzigẽ ding

von Hieronymo Brunſchwygk/Burtig vñ wund artzot der keiſerlichẽ fryẽ ſtatt ſtraßburg.

un getruckt durch den woblgeachte Johannem grueninger zů Strassburg
in den achte tag des meyen als man zelt von der geburt Christi
funfzehnbundert. Lob sy got. Anno 1500.

Abb. 25.

wurden, übrigens zum „Zubehör" der Apotheken gehörten und als solche von ihnen geradezu gefordert wurden[1]). Vgl. Abb. 26.

Die letzte Abbildung, gleich der auf S. 38 aus Matthiolis[2]) Werk, gegebenen, zeigt im übrigen, wie die Destillationsgefäße reihen- und staffelweise in den Öfen zwecks Ersparnis von Platz und Feuerung aufgestellt wurden, wenn man Destillationen aus kleineren, jedenfalls tönernen und gläsernen Gefäßen vornahm, wie wir es als Gepflogenheit, der nicht unwahrscheinlich ersten wirklichen Destillateure, dann der Neapolitaner und Venetianer gesehen.

Schon oben, S. 36, sprach ich kurz von der Darstellung der *Aqua Naphae*. Um zu zeigen, wie vorgeschritten, in wie großem Maßstabe schon die Destillation von Ruchölen und -Wässern betrieben wurde, möchte ich, auf Porta gestützt, hier einiges ausführen. Von *Aqua Arantiorum florum* sagt er, daß es an Dauerhaftigkeit dem Rosenwasser gleich käme.

In Neapel werde aus handgepflückten Blüten so viel destilliert, daß die ganze Welt damit versorgt werde, die das Wasser zum Würzen der Speisen und zur Darstellung von Parfüms brauche.

Konzentriertes Wasser, ein *eximia fragrans*, also ein besonders starkes (etwa *triplex*), wurde nach Porta in der Art dargestellt, daß das Destillat stets „*super recentiores flores irroratur*", also durch Destillation über neuen Blüten weiter angereichert wurde.

In gleicher Art verfährt man zu gleichem Zweck auch jetzt noch, und nennt die Arbeit cohobieren[3]). Mir ist das Wort zuerst bei Quercetanus in seiner „*Pharmacopoea dogmaticorum restituta*", *Lipsiae 1613*, aufgestoßen. Er rechnet die *Cohobatio* neben *Exaltatio, Exhalatio, Circulatio* und *Recitificatio*, ganz mit Recht, zur *Destillatio*. Nach ihm ist sie aber eine wiederholte Destillation, bei der das Destillat auf das abdestillierte (die *Faeces*) zurückgegossen und wiederum destilliert wird. Sein Endzweck ist also im Grunde ein möglichst großes Erschöpfen, ein Aussüßen [edulcorieren] oder Auslaugen [elicieren; nur diese beiden Ausdrücke dürften wenigstens bis zum Ende des XVIII. Jahrhunderts gänge gewesen sein] einer Menge Arznei(-Stoff), und ganz dasselbe bezweckt offenbar auch Anton de Heiden in seinem „Neuen Licht vor

---

[1]) Gesch. der Pharmazie, S. 364 u. a.

[2]) Ich lasse hier noch die Beschreibung aus Opera quae extant omnia, Basileae 1565, de ratione destillandi aquas folgen:

Hac *fornace* utuntur *Veneti* ac *Neapolitani*, qui vitreis alembicis abundant. In qua una tantum die et nocte sicco ignis calore eliciunt aquae ultra centum libras. Fornax rotunda est, fornacibus, quae in *Germanorum* visuntur *vaporariis*, omnino similis. Continet haec circumcirca numerosa *fictilia intrinsecus vitro incrustata, urinalis formam* referentia et diligenti sane artificio *argillaceo luro* agglutinata, quibus singulis per totum fornacis ambitum singuli adduntur *vitrei alembici*, e quorum vertice *ex* globulo ad hoc parato recipientia crassiusculo funiculo adalligata pendent. Vgl. auch oben S. 37.

[3]) Nicht cohibrieren, wie irrtümlich in einer Arbeit in der Chemiker-Zeitung i. J. 1911 gesagt wurde.

die Apotheker" Leipzig 1690: Das Cohobieren beschieht, sagt er, wenn das Destillierte zurückgegossen wird, umdestomehr alle Kraft aus dem

Abb. 26. Destillation im Kräutergarten.

Caput mortuum zu bekommen," und der geistvolle, eigentliche Begründer der Phytochemie Nicol. Lémery, dem es darauf ankommt, das

Wesentliche, das Wirksame, die *Quinta essentia*, in aller erster Reihe der pflanzlichen Arzneistoffe von dem wertlosen, dem *Caput mortuum* zu scheiden, erklärt „La cohobation se fait pour *ouvrir* les corps", um ihre Eigenart durch Herausziehen der Bestandteile zu erschließen.

Ein *venalis* wird aus Rückständen destilliert (die, jedenfalls nach uralter Art durch Ausziehen [Enfleurage] der Blüten mit Fett bereitet), zum Parfümieren der *Chyrothecae* und *Thoraces*, der Handschuhe[1]) und Schnürbrüste verwandt wurden[2]).

Jasemini vel Gelsomini [das italienisierte Jesemin der Araber, z. B. Serapions] *flores* von ausgezeichnetem Geruch, wüchsen in solcher Menge und würden so geliebt, daß die Pflanzen in allen Gärten gezogen würden, und keine Frau sich nehmen ließe, einige in Töpfen zu pflegen. Diese blühten das ganze Jahr. Aus ihnen würden im Dampfbade durch wiederholtes Rückgießen des Destillats aus Glasgefäßen aus 600 Pfd. Blüten 1 Unze (30 g) rötliches Öl erzielt. Das aus Absynth destillierte Öl ist blau; wird es mit Wasser wiederum destilliert, so wird es heller.

Porta ist, so weit ich sehen kann, der erste, der über eine Reihe von Ausbeuten berichtet. 100 Pfd. frische Kamillen gäben 2 Drachmen grünes, ebensoviel Artemisia eine Unze ebenso gefärbtes (trocknes Kraut weniger), 300 Pfd. Anis 1 Unze Öl, das im Winter erstarrt usw.

Auch sehr uneigentliche Öle führt Porta an. Wenn er ausführt: „*Caphura in aqua forti* dissolvatur et supra aquam manabit *Ol.* excellentissimum *Caphurae* contra cancros, ubera malefica et plagas. Cum oleo vulgari unitur", so handelt es sich natürlich nicht um ein ätherisches Öl, sondern um Campher-Säure. Ähnlich ist es mit seinem *Ol. Vitrioli*, das ja noch jetzt unter demselben Namen bekannt ist.

Noch an eine Bemerkung sei erinnert. Wenn *Caryophylli* [„*sunt flores*" zeigt, daß Porta sich über ihre botanische Eigenart klar ist] nicht zerkleinert, heil destilliert und dann getrocknet werden, „*denuo revendi possunt nec fraus detegitur nisi gustu experimentum sumatur*". Es wurden sicherlich abdestillierte Nelken gehandelt, und nur der Geschmack war der Helfer, der damals den Betrug klarstellen konnte.

Ganz ebenso wird man vermutlich in Frankreich gearbeitet haben, wo schon im XIV. Jahrhundert Ruchgewächse, in der Bourgogne z. B. Lavendel, Borago, Salvia, Vinca, Veilchen und Rosen, Plantago und Lilien in großen Mengen angebaut wurden, um getrocknet verwandt und zu Ruchwässern destilliert zu werden. In der Nähe von Dijon sollen elf Öfen in Tätigkeit gewesen sein, wie Baudot[3]) berichten kann.

---

[1]) Shakespeare z. B. erwähnt solche.
[2]) Im Jahre 1582 führt die Frankfurter Taxe das Wasser an, aber ohne Preis.
[3]) Baudot, *La pharmacie* en Bourgogne, Paris 1905, S. 63.

Es wird wohl wieder der Anregung des schon erwähnten **Arnaldus von Villanova**[1]) zuzuschreiben sein, daß ganz allgemein statt **kupferner Gefäße**, die er bei der Verwendung von salzigen, sauren und süßen Stoffen für Nahrungszwecke verwarf[2]), für „**Wasserbrennerei**" (z. B. durch eine Verordnung von 1551 in **Nürnberg**) die Anwendung **gläserner** geboten wurde. Um dieselbe Zeit allerdings wurden auch schon in ihrer Art vortreffliche **zinnerne**[3]) und jedenfalls auch **verzinnte** Kupferapparate für größere Destillationen von Kupferschmieden geliefert, die in ihrer Kunstfertigkeit, wie das jedes Museum zeigt, kaum hinter der der zeitgenössischen zurückstanden. Daß die Hofapotheke in **Dresden** einen Destillierapparat von **Georg Storm** in **Augsburg** bezog läßt darauf schließen, daß dieser Kupferarbeiter sich wohl eines besondern Rufs als Spezialist im XVI. Jahrhundert erfreute.

Eine andre Abbildung aus **Brunschwik** (er hat sie in Wahrheit von **Ulstadt** übernommen) ist aus zwei Gründen interessant. Erstmals zeigt sie eine Einrichtung, die ebenfalls geeignet war, eine Ersparnis an Heizmaterial und Arbeit zu Wege zu bringen, wie sie in der Zeit der Alchemisten, die lange Tage und Nächte ihre Arbeit bei gleichbleibender Hitze erhielten, wirklich nötig war. Es handelt sich tatsächlich um eine Art von **Dauerbrenner**, in dem das Urbild der spätern **Meidingerschen-, Schwedischen-** usw. **Füllöfen** sich darstellt. Man stellte ähnlich, wie ich das für Braunkohlen jetzt noch hier auf dem Lande gesehen habe, neben den eigentlichen Ofen einen oben luftdicht durch einen Deckel verschließbaren, mit dem Heizraum in Verbindung stehenden „hohlen Turm" (den jetzigen **Füllschacht**"). Der wurde mit „toten" Kohlen angefüllt. „So wie sich die Kohlen im Feuerherde verzehren, so machen sie den

---

[1]) In der Tat haben die **Alten** die Schädlichkeit von **Kupfer** gekannt und gleicherweise die des **Bleies**. Gegen die erste schützte man sich durch **Verzinnen** (wie z. B. **Theophrast** in $\pi\varepsilon\varrho\grave{\iota}\ \lambda\acute{\iota}\vartheta\omega\nu$ und der Ausdruck $\varkappa\alpha\sigma\sigma\iota\tau\varepsilon\varrho\tilde{o}\nu$ für diese Arbeit bezeugt. Vgl. **Plin.** 34, 47, 48), gegen Bleivergiftung durch Verwendung von Tongeräten. **Vitruv** sagt beiläufig (VIII, 7) „Viel gesünder ist Wasser aus irdenen wie aus bleiernen Röhren, denn das Blei scheint ungesund zu sein". Vgl. übrigens die ausgezeichnete Arbeit von **Kobert** über **Bleivergiftung im klassischen Altertum**. (Diergarts Kahlbaum-Buch.) **Megenberg** spricht auch von der **Schädlichkeit der Kupfergefäße**: „Wann man kupfereine vaz nezzet, dâ wird ezzen und trinken pezzer in und vertreibt die vergift des rosts an dem Kupfer". (S. 480, 20 ff.). Etwa gleichzeitig mit der Nürnberger Verordnung wandte sich im Ausland übrigens auch **Ambroise Paré** und **Benedetto Ventori** aus Faenza gegen die Verwendung von Kupfergeräten.

[2]) **Geber** verwandte vermutlich **tönerne, bleiglasierte Gefäße**, wenn der Ausdruck *Vasa terrea plumbata*, so ausgelegt werden darf. Vgl. auch **Matthiolis** Beschreibung in der Fußnote S. 46².

[3]) Daß es im XVI. Jahrhundert zum mindesten schon (**Shakespeare** erwähnt sie z. B.) in England Pewterer [von **Spiauter**, das später für **Zink** gebraucht wurde. Vgl. meine Geschichte S. 490 u. a.], Zinnarbeiter gab, bezeugt das Vorhandensein solcher Gewerbetreibender. Daß sie auch unter der Reihe der **Kurpfuscher** genannt werden, läßt immerhin den Gedanken aufkommen, daß sie die Instrumente, die sie fertigten, auch anzuwenden unternahmen.

Kohlen im Turme Platz. Diese fallen vermöge ihrer Schwere herunter und werden genötigt, den entstandenen leeren Raum zu füllen."

Und dieses dauernde, nicht verlöschende „unsterbliche" Gerät wurde jetzt (im Gegensatz zu dem einfachen Windofen, *Anemius* [vgl. oben S. 19], der stetes Aufpassen verlangte [vgl. die Abb. S. 34]), zum „chymischen Ofen", zum *Athanor* (bei dem man nicht mehr an das arabische, oben genannte Wort dachte, sondern, wie es noch jetzt erster Drang ist, gelehrt

Abb. 27.
Strohkranz, Mohrenkopfkühlung, Füllschacht.

an ältere, oben schon erwähnte griechisch-lateinische Quellen) oder, ähnlich bezeichnend, zum *Furnus Acediae* [$\dot{\alpha}\varkappa\eta\delta\dot{\eta}s$] oder *Jncuriae* [beides bdeutet: sorgenfrei] und *Piger Hinricus*, dem faulen Heintz. [Heinrick, Heinz war seit alten Zeiten sprichwörtlich die Bezeichnung für einen sonderbaren Menschen. Vgl. Knökern Hinrik, Freund Hein, den roten Heinz (= Colcothar).]

Weiter zeigt die Abbildung zum ersten Male eine Kühlvorrichtung und zwar eine, die, wie nach dem Werdegange des Destillationsapparates gar nicht anders zu erwarten, übrigens auch ganz zweckmäßig ist, auf dem Alembik angebracht ist. Statt daß man nach klassischem Vorbild den Deckel mit einem mit kaltem Wasser getränktem Schwamme überfuhr oder ein Tuch auflegte und dies mit Wasser netzte (Porta kühlt beispielsweise „*madidis linteis*" oder „*spongia aqua frigida imbibita*"), umgab man den Helm mit einem Gefäß, das man mit Wasser füllte. Daß man an eine Erneuerung dachte, geht aus dem seitwärts angebrachten Hahn hervor; daß man nicht wußte oder nicht daran dachte, daß das warm gewordene Wasser nach aufwärts steigt, verrät die Lage des Ablaufhahnes ziemlich am untersten Ende des Kühlwassergefäßes. Der Name Mohrenkopf für diese Kühlvorrichtung[1]) ist lediglich auf phantastische Vorstellungen zurückzuführen, die für die damaligen Chemiker bezeichnend sind und die sie gelegentlich jedenfalls auf Ab- und Irrwege führten, weit ab von den Richtwegen, die nüchterne Beobachtung ihnen gewiesen hätte. Eine Ausgeburt reger Phantasie, in diesem Falle sicher des Zeichners, und ein Ergebnis seines Dranges zum Stilisieren ist die Abbildung des Destilierapparates, die ebenfalls der schon genannte Brunschwik bringt. Vermutlich nur der Symmetrie wegen stellt er ein sehr hohes und enges Rohr in die Mitte, und aus zwei seitwärts aufgestellten sich „selbst anblasenden" Windöfen läßt er in diesem Falle schon von Retorten ähnlichen, unzweifelhaft gläsernen Destilliergefäßen die röhrenförmigen Verlängerungen ihrer Hälse in schlangenähnlichen Windungen aufwärts durch das Kühlgefäß gehen und oben in fest verbundene oder aus einem Stück verfertigte *Receptacula* austreten. Auch hier ist der Ablaufhahn tief unten angebracht.

Wenn das auch nicht von wesentlicher Bedeutung ist, so soll doch nicht zu bemerken vergessen werden, daß auf beiden Bildern die Auffangegefäße unzweifelhaft auf Unterlagen stehen, die als Strohkränze anzusprechen sind, wie sie, mit Bleistücken beschwert auch an die Vorlagen gebunden wurden, um sie im Kühlwasser untergetaucht zu erhalten. Vgl. Abb. 27.

Auch die Abbildung von dem Meister des Trostspiegels zeigt, daß die Apparate für kleinere Arbeiten aus Glas (vgl. oben S. 47) dargestellt wurden — im wesentlichen natürlich nach uraltem Muster. An Stelle der Blase traten Gefäße, deren Hals immer mehr eingezogen, verengert ward, Kolben. Ernsting nennt dafür als weitere Namen *Alcara*, *Botia*, *Botus* [am Ende verstümmelt aus *Botrus*, βότρυς, oder *Buccia*] *barbatus*, *Kymia*, *Onbelcata*, *Onbelcora* [*Umbilicata*?], griech. σικύα [der Schröpfkopf], arab. *Cara*, *Charha*, *Haraha*, ital. *Zucca* [Kürbis], franz. *Alambic*, welche Namen aus dem Vorhergegangenen so leicht zu deuten sind wie der zumeist gebrauchte *Cucurbita* [lat. Kürbis]. Schon Paré[2]) wendet auch das Wort [angeblich aus dem Keltischen oder vom lat. *Matara* ab-

---

[1]) Vgl. unten S. 65, übrigens den aus umgekehrten Erwägungen unrichtigen Ablauf Abb. 12.
[2]) Vergleiche dazu die lediglich auf ganz äußerliche Ähnlichkeit sich gründenden Namen Mönch und Nonne und Dame Jeanne, englisch *Demijohn* für Flaschen. S. a. folgende Seite *Filioli*, und weiter unten, was über *Amplexicatio* auf S. 58 gesagt ist.

stammender Name] *Mat(he)ras*[1]) an, das wohl, latinisiert, zu *Matracium* wurde. Halte ich Libavs *Metretae* daneben, so ist mir höchst wahrscheinlich, daß man in der Wortbildung die phantastisch-geschlechtliche Ergänzung der Herrenkolben, der *Magistrales* erblickt, die ursprünglich vielleicht nur Harnkolben, *Urinalia* waren, die besonders weite Öffnungen zeigen. Weiteren Anhalt für die früher schon geäußerte Annahme, daß man Haus- und Küchengeräte in das Laboratorium überführte und zu chemischen Geräten erhob, geben die, oben noch weiter offenen *Matulae* [ursprünglich das Wort für Nachttopf]. Sehr lang- und dünnhalsige Kolben nannte man *Phiolae* [φίαλαι], *Buccia* [*buccea* Mundvoll?], *Ovum vitreum, philosophicum, Locus chimicus, Mebellum* [?], *Urinale sublimatorium*. Für gewöhnlich waren sie und die Kolben im allgemeinen unten rund gestaltet, *fundo globosae*, man hatte aber auch *Cucurbitae fundo lato*, also richtige Stehkolben[2]).

Den Hals der Kolben für Destillationszwecke ließ man für gewöhnlich etwas kegelförmig nach oben sich verengen. Das geschah, um seinen Durchmesser bequem dem des überzustürzenden und aufzukittenden Helms anzupassen und zwar in der Art, daß man den Hals durch Überstreifen eines entsprechend weiten (zwei verschieden große waren zumeist durch einen Stiel miteinander verbunden, so daß einer die Handhabe für den andern bildete) glühend gemachten Sprengrings oder durch Anzünden einer mit Kienöl getränkten (Ulstadius empfiehlt Schwefelfäden), um die betreffende Stelle geschlungenen Schnur erhitzte und durch aufgesprengtes Wasser plötzlich abkühlte[3]).

Dem Dache nachgeahmt zeigte sich im Durchschnitt der Helm, der Alembik. Wie schon gesagt, war er, um die schwerer siedenden, bald verdichteten Destillationsprodukte aufzunehmen, oben sehr bald mit einer Krempe oder mit mehr oder weniger großen simsähnlichen Ausbuchtungen versehen, von denen aus, oder über denen das Ablaufrohr die verdichteten Gase ableitete.

---

[1]) Vgl. auch oben S. 12.

[2]) Die Phiolen (Violen und Filioli sind ganz mißverständliche willkürliche Bildungen. Bei den Filioli schwebte der Einbildungskraft der Chemiker vielleicht wieder der Vergleich mit dem Makrokosmos, die Folgerung aus den *Magistrales* und *Metretae* vor Augen) sind die Muster für die noch in den 70 er Jahren des vorigen Jahrhunderts für Tropfen gebrauchten Nönnchengläser und die noch länger vergessenen Blätterchen der Apotheker. Letztere hatten einen tief eingebogenen Boden und dienten zur Aufnahme ganz geringer Mengen von Arznei. Erstere sind die Vorfahren der noch zu nennenden modernen Ampullen, die als Ampoule durch Limousin in Paris als Behältnisse für sterilisierte Arzneilösungen seit der Verwendung des Tuberculins Anfang der 90 er Jahre in Gebrauch gezogen worden sind und recht gut, wenn man keine deutschen Namen findet, Ampullen nicht (feiner?) französisch genannt werden sollten. Vgl. S. 55³.

[3]) Ulstadius, Prof. der Heilkunde in Freiburg, sagt 1526 im *Caelum Philosophorum:* Wann du aber es öffnen wilt, so vmbwickel den Halß deß Glaß mitt einem schwebelfaden sechs oder siebenfältig herumb gewunden, den zünde dann an hübschlich mit einem wachskertzlein und so der Faden gar außgebrannt ist, so bricht das Glaß daselbst ab. Oder laß dir drei oder vier eisne Instrument machen zweyer elenbogen lang, deren jedes an jedem ort zween ring hat. Auß welchem mach einen der dir fugt, glüend heiß vnd zwingen vmb den Halß deß glaß, so bricht es oder knallt gar baldt ab.

Liber de arte Distil
landi de Compositis.
Das büch der waren kunst zü distillieren die
Composita vñ simplicia/vnd dz Büch thesaurus pauperũ/Ein schatz d armē ge‍nāt Vicariũ/die brösamlin gefallen võ dē büchern d Artzny/vnd durch Experimēt võ mir Jheronimo brüschwick vff geclubt vñ geoffenbart zů trost denē die es begerē.

getruckt un gendigt in die keisserliche frye statt Strassburg
uff sanct Mathis abent in dem jar 1507.

Abb. 28.

Bei allen den Arbeiten, die da bezwecken, aus den verschiedenen von der Natur gelieferten Rohstoffen die wirksamen Stoffe in Lösung zu bringen, zu extrahieren, bei den, je nach der unter oder am Siedepunkt liegenden Temperatur jetzt Infusionen oder Decoctionen genannten Arbeiten, schloß man die betreffenden Gefäße, um ein Verdampfen des Lösungsmittels möglichst hintanzuhalten. Es tropfte zurück, und auf Grund dieser Beobachtung rechnete man solche Arbeiten, immerhin berechtigt, unter die Destillationen. Das Volk „destilliert" nach wie vor seine Aquavite u. dgl. Um das Verdampfen bei hierhergehörigen, in Alchemistenzeiten Tage und Nächte währenden Arbeiten, bei dem Putrecieren, Digerieren, Extrahieren hintanzuhalten, vermutlich auch, um sicher zu gehen, daß unberufene Jünger der hermetischen Kunst nicht etwa in der Zeit etwas von dem Inhalt entwendeten oder die Arbeit durch schädliche Zusätze störten, verschloß man die „Kolben" mit Stopfen (Obturatoren) aus Kreide, Suber montanum (Asbest), Wachs oder Kork, durch Verkleben mit Lutum, oder schließlich, um ganz sicher zu gehen: hermetisch, man machte sie blind, *„matracia coeca"*, oder wie man die Gefäße sonst nannte.

In der oben erwähnten Liste des Al Razi finden wir schon für einen Ton der Weisheit folgende Vorschrift: „Du nimmst roten und weißen fetten Ton, der von Kieselsteinen gereinigt ist, breitest ihn auf einem reinen Ort aus und besprengst ihn mehrmals mit Wasser, bis er so flüssig geworden ist, daß die Hand ihn nicht mehr betasten kann. Dann läßt du ihn trocknen, pulverst ihn und siebst ihn durch einen Seidenlappen, besprengst ihn mit Wasser, in dem Reiskleie (Suhâla), die von Mehl befreit ist, geweicht worden ist; dann knetest du ihn sehr fein durch und läßt ihn gären (chammar) einen Tag und eine Nacht. Und du nimmst feines Reismehl, verteilst es fein und mischt dann den Ton zu. Zu jedem Ratl Ton (1 Ratl = 144 Dirham = etwa 500 g) setzt du 10 Dirham Kochsalz und 3 Ratl feingepulverte Tonware (also gebrannten Ton) und eine Handvoll Tierhaare, möglichst fein geschnitten, zu. Lasse es vor dem Gebrauch 3 Tage stehen."

Ähnlich waren die Luta [von $\lambda\acute{v}\omega$, löse, durch Wasser zeitweise „gelöste", d. h. weich, bildsam gemachte Erde, Lehm] zusammengesetzt. Durch längeres Kochen, gelegentlich mit Alaun, wurden sie haltbarer, durch Zusatz von Wasserblei, Silberglätte, Mennige, Eiweiß, Blut, Mehl besser klebend gemacht[1]).

Im übrigen wurde Blase drübergebunden und beiderseits mit Bindfaden fest verschnürt. Zu feuerbeständigem Kitt wurden Lehm, Glaspulver, Eisenteile, Bleiglanz genommen. Kuhhaare sollten ihm Festigkeit geben. Die Namen *Lutum Sapientiae* oder *Lutum philosophorum* zeigen schon an sich, welcher Wertschätzung sie sich erfreuten.

---

[1]) Vgl. oben S. 10³, 40.

Glauber soll seine Vorschrift für 200 Gulden verkauft haben. In einem Werke aus dem XVIII. Jahrhundert finde ich, ein Zeichen ihrer Wertschätzung, noch etwa ein Dutzend Vorschriften für Kitte verzeichnet.

Was den tagtäglich sprichwörtlich gebrauchten **hermetischen Verschluß**, das *Sigillum* oder die *Signatura Hermetica* betrifft, der so dicht sein sollte, wie das Geheimnis, das die hermetische Kunst umwob, so fand ich ihn, ohne den die Araber ja nie eine „Blinde" hätten herstellen können, unter diesem Namen[1]) zuerst bei Libav erwähnt, der ihn sicher aber älteren Vorbildern, wie er sie in großer Menge anführt, entnommen hat. Auf S. 2 Abs. 9 seiner *Alchymia* (im Kommentar auf S. 178 geht er noch weiter darauf ein) beschreibt er dieses *„Artificium hermetice stringendi"* folgendermaßen: „Immittitur collum in prunas siniturque candescere, demissa simul forcipe ad locum signaturae. *Ubi emollitum* vitrum, *comprimitur* vel etiam obtorquetur forcipe ut undiquaque solidetur".

Das drückt der oben genannte Ulstadius mit den Worten aus: „XXII. Steck so lange und so tief den langen Hals in den Ofen (Libav bildet einen dafür geeigneten oder bestimmten ab), das der Hals daß glaß schier glüet vnnd rot wird, alß ob er schmelzen wolte, so nim̄ eyn „schmidtzang", die vorn glüend haiß sei, vnnd truck den Hals vnnd würg ihn vmb vnnd zusammen dieweil er glüet". Das haißt kurz: Der im Feuer erweichte Kolbenhals wird mit einer vorher erwärmten Zange (vor kurzer Zeit wurde statt ihrer eine schon im XVIII. Jahrhundert vorgeschriebene Scheere empfohlen und der genannte Schluß[2]) als etwas ganz neues mitgeteilt) zusammengedrückt. Caspar Neumann empfiehlt im Anfange des XVIII. Jahrhunderts, den erweichten Hals lang auszuziehen, „wil man ihn vollends versiegeln, so darf man nur vermittelst einer Lötheröhre dieses Glas vollends zuschmelzen". Es ist dieselbe Art, wie sie tagtäglich im chemischen Laboratorium und beim Schließen der Ampullen[3]) im modernen Sinne seit der Einführung des Tuberculins in den Arzneischatz in großem Maße ganz handwerksmäßig geübt wird.

Als noch bessere Art des Schlusses wird von demselben großen Praktiker empfohlen: „Wenn ich ein accurates Stück Glas nehme, so just die Runde des Glases hat, welches ich sigilliren will, und lege solches auf die Oeffnung des Glases und tractiere es nach obiger Manier mit Schmelzen, so wird sich solches als ein Knopf darauf anschmelzen".

---

[1]) Daß Al Râzi unter seinen Geräten auch eine Scheere al Miqtac aufführt, läßt auch vermuten, daß die Araber den Verschluß kannten.

[2]) Vgl. meine Arbeit in der Cöthener Chem. Ztg. 1907, März 30: Der hermetische Verschluß.

[3]) Das Wort ist eine Verkleinerungsform von *Amphora*. An seinem Platze ist das Wort nicht. Tatsächlich wurden von unsern Vorgängern für solche Zwecke Phiolen benutzt. Libav sagt, sie zeigten als Eigenart „ex globoso ventre gracile collum in longum prominens. Ejus usus frequens, quia aptissimae sunt hermeticae signaturae". Bis zur Größe einer Nuß herab hatte man sie, und seit jener Zeit schloß man sicherlich in den chemischen Laboratorien kleine Mengen flüssiger Präparate in solchen Gefäßchen ein. Vgl. auch S. 52[2] und auf der Tafel aus Baumé unten Fig. 12, auf denen aus Lémery l, 2; II *r* und *s*.

Die tägliche Hantierung muß sicher dem *Artifex hermeticus*, dem Glasbläser (dessen Kunst, trotzdem mangelhafte Glasflüsse und mangelhafte technische Einrichtungen die Arbeit unendlich erschwerten, recht wohl in Wettbewerb mit der modernen treten kann, die vergeblich manchen Fertigkeiten alter Zeit nachspürt) oder den Jüngern der „philosophischen" Kunst, den Alchemisten den Gedanken eingegeben haben, Kolben, Helm und Ablaufrohre aus einem Stück zu formen, und es entstand im Gegensatz zu der (*Cucurbita*) *recta* das Gerät mit zurückgebogenem, gedrehtem „*retortem*" [retorquere] Hals, die Retorte, die [wie ein lat. cornu, ein Horn gestaltete französische] *Cornue*, die *Cuenne* [noch *Cuine* für die Retorte der Salpetersäurefabriken], die *Cornemuse* [nach einem andern Hautsack, dem hornähnlich gestalteten Dudelsack, durch dessen in ihm zusammengepreßte Luft die (Sack-) Pfeife, musette, angeblasen wird], der Krummhals, Elephanten- oder Storchenschnabel (vgl. die Abb. S. 25) oder wie sie sonst nach

Abb. 29. Dem Bär ähnliches Digestionsgefäß nach Porta.

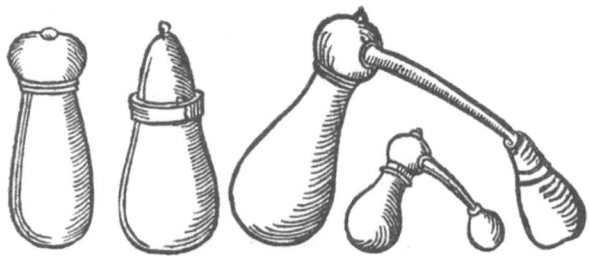

Abb. 30. Digestionsgefäße nach Libav.

ihrer Gestalt genannt wurde. Dieser „Schnabel" führte die in dem Bauch (der Blase) entstandenen Dämpfe abgekühlt und verdichtet ab und ließ sie seitwärts, abgesondert abtropfen „destillieren".

Für das Digerieren, Putrefizieren und ähnlich genannte, dasselbe bezweckende Arbeiten wäre das Zurückgießen des Destillats, um es weiter einwirken zu lassen, das Cohobieren (vgl. oben S. 54) unbequem und zeitraubend gewesen. Man umging das dadurch, daß man die Gefäße nach

---

[1]) Kunckel bildet in seiner „Ars vitraria", Frankfurt und Leipzig 1689, auf S. 398 einen Blasetisch ab, wie er bis vor wenig Jahrzehnten noch von den Glasbläsern gebraucht wurde. Nur Verbesserungen stellen die neuen Tische dar, die in erster Reihe auf Rechnung der Gas-Lampe kommen.

dem Beschicken „blind" machte, am vollständigsten durch den „hermetischen Verschluß" (also so gestaltet, wie das Gefäß auf der Tafel aus dem Werke der Alchemistin Maria und die Abb. S. 20 es zeigen, und wie es noch jetzt geschieht, wenn man unter Druck arbeitet), und auf diese Art das Entweichen des verdampfenden Lösungsmittels (Menstruum) verhinderte. Man gestaltete sie zweckmäßig, tatsächlich schließlich zu (Extraktions-) Gefäßen mit, wenn auch gelegentlich nur angedeuteten Rückflußkühlern aus.

Abb. 31. Pelikan nach Porta.

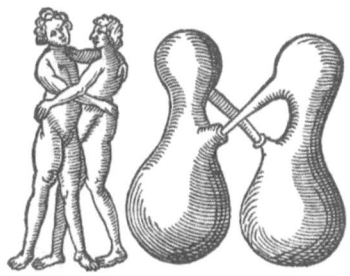

Abb. 32. Amplexantes nach Porta.

Wie Zirkuliergefäße, franz. Vaisseaux de rencontre, auch gestaltet waren, zum Teil um dem Pelikan, dem Geranium [$\gamma \varepsilon \varrho \acute{\alpha} \nu \iota o \nu$, Storchschnabel] usw. zu gleichen, wie man auf Grund entfernter Ähnlichkeit wohl eine Retorte (vgl. oben S. 56)[1]) genannt hat, überall dienten sie „der Umtreibung einer auf- und niedersteigenden Destillation, einer chymischen Arbeit, da man nämlich eine flüchtige Sache auf eine Harte gießet in ein Gefäß und solches in Wärme hält, damit das, was aufsteigt, nicht weg kann, sondern wieder herunter auf die im Glase seiende Materie tropft"[2]).

Um solchen Zweck zu erreichen verschloß man erst nur den Gefäßhals, dann verband man zwei Kolben miteinander, so daß in dem

Abb. 33. Gerät nach Porta.

obersten eine Luft- oder Wasserkühlung stattfinden oder bewirkt werden konnte. Man ersetzte sie dann durch zwei nebeneinanderstehende Retorten,

---

[1]) Jean Baptista Porta scheint, was seine Phantasie betrifft, an erster Stelle zu stehen. In seiner Anweisung „De destillatione" bildet er neben den Vorbildern der Schildkröte, Testudo, dem Bär, Ursus, dem Pelican, die entsprechenden Geräte ab, auch ein solches, das einer sich emporringelnden Schlange gleicht, und ein andres mit fünf Ambik übereinander und fünf Abflußrohren zum Ableiten verschiedener „Fraktionen": die vorbildliche vielköpfige Hydra. Die Abbildungen 10, 29 u. 31—33 sind diesem Werk entnommen.

[2]) Bei Ernsting, auch die Planche seconde von Lémery, Fig. S.

so daß die oben verdichteten Dämpfe der einen in die andere liefen und umgekehrt zu sog. Dy(i)otae oder Amplexantes[1]), ja man bemühte sich, offenbar eine bessere Kühlung insofern zu ermöglichen, daß man eine trichterförmige Einbuchtung herstellte, um dahinein Wasser oder einen mit Wasser vollgesogenen Schwamm zu legen, oder in dem man zu gleichem Zweck einen kopfförmigen Alembik anbrachte, wie ihn die schon erwähnte, in Nürnberg aufbewahrte Handschrift aus dem XV. Jahrhundert auch schon bezeugt.

Daß sich in den oben besprochenen Gefäßen jedenfalls ein garnicht unbedeutender Druck entwickelte, der, beiläufig gesagt, mancher zeitraubenden Zirkulation oder Amplexation ein unerwünscht frühes Ende bereitete, daß in diesen Gefäßen somit die Vorläufer des Papinschen Digestors und der modernen Autoklaven zu erblicken sind, sei nebenbei bemerkt.

Brunschwik erklärt das Wesen der wahren Destillation und Dephlegmation mit den Worten: Dieweil die Geister, so über sich getrieben werden, viel reyner und subtiler seind, denn in solchem aufsteigen alles so schwer, irdisch oder flegmatisch ist, mit hinauf kommen mag. Darumb die geister des weins am flüchtigsten über sich, aber anderer materi, so mehr mit flegmatischer feucht behafft, under sich getrieben werden[2]).

Abb. 34.    Abb. 35.
Digerier-(Circulier-)Geräte
nach der auf S. 42 erwähnten Handschrift.

---

[1]) Weil sie für die „Amplexatio [das liebende Umfassen] oder die Basiatio [das liebende Küssen] d. h. die Vereinigung des *Mercurii philosophorum* oder weißen Weibes mit dem *Fermento aureo* oder dem roten Manne" gebraucht wurden, wie es äußerst bezeichnend für die uferlose Phantasie der Alchemisten und ihrem Drang, die Vorgänge in den Retorten mit denen im Mikrokosmos Mensch und umgekehrt zu vergleichen, heißt. „Spagyrisch" hieß letzterer der *Maritus*, d. i. der *Sulphur philosorum, Leo ruber, Fabrica*, sein weißes Weib, *Aqua mercurialis* (andre Synonyma waren *Alliaraeus, Aqua coelestis virginea* und *foetida, Gluten spagyricum aquilae, Jordan, Lac virginis, Leo viridis*, deutsch stinkend Wasser, Giftwasser, Straußenmagen) *Beya*, und Dunstan kleidet (in seinem „Rosarium" S. 135) den zärtlichen Vorgang in folgende Worte: Wenn du das weiße Weib gebracht zum roten Mann, da nehmen sie alsbald einander freundlich an, darauf empfänget dann das edle weiße Weib. Die zuvor waren zwey, sind worden nun ein Leib. Folgerecht gab es für gignere und producere auch ein Synonym *foetisare*, und das Produkt dieser Darstellung oder (Er-) Zeugung hieß *Foetus spagyricus*. Vgl. dazu auch die Trennung der Gefäße nach dem Geschlecht oben S. 51[2] und S. 57, Abb. 32.

[2]) De arte destillandi. Vol. 2, lib. 1.

Schröder faßt sich kürzer und erklärt in seiner *Pharmacopoea medico-chymica*: *Destillare* = Liquorem vi caloris attenuatum (durch die Gewalt des Feuers aus dünn gemachter Flüssigkeit) in recipiens appositum prolectare [Herauslocken]. Ernsting sagt sehr kurz: Distillatio ist oder geschieht, wenn man etwas aus einer Retorte, Blase, Kolbe etc. durch Hülfe des Feuers dessen Feuchtigkeit herausdestillieret oder heraustreibet, und er erklärt damit im Grunde gar nichts oder viel weniger als sein so viel früherer Vorläufer.

Ähnliche Unterschiede machte man im XVII. Jahrhundert, und im Wesentlichen hielt man auch im XVIII. Jahrhundert an ihnen fest. Hagen hält die Destillation ganz richtig für eine Art des Abdampfens, blos mit dem Unterschiede, daß man „bey jener das in Dünste verwandelte nicht achtet, bey dieser dasselbe aufgefangen wird". Weiter nennt er die Destillation fester Körper (wie bei den „Mineralsäuren, empireumatischen Ölen und flüchtigen Salzen") trockene, *sicca*, die flüssiger oder mit Zusatz einer flüssigen Substanz feucht, *humida*, und in Berücksichtigung der Verschiedenheit „der Feuerbeständigkeit und Flüchtigkeit" teilt er sie in die drei alten Arten, von denen die *per descensum* nicht mehr gebräuchlich sein soll.

Wenn Megenberg im XIV. Jahrh. berichtet, daß man nach Albertus Magnus der Birken-„rind ausprenn (d. h. jedenfalls destilliere), alsô daz wazzer dar aus gêt, sô sei daz wazzer stinkend und zaeh und damit schmirben die Wagenläut ir wägen", so ist das jedenfalls ein Zeugnis dafür, daß man damaliger Zeit schon Birkenteer (Schwarzen Dägen) bereitete, vielleicht in alter Meilerköhlerei, wenn man nicht arbeitete, wie es in Anton de Heidens „Neues Licht vor die Apotheker, wie solche nach den Grundregeln der heutigen Destillierkunst ihre Arzeneien zubereiten sollen", Leipzig 1690, beschrieben ist:

„Die warme *Destillatio per descensum* findet man bey dem Pechschmelzen, da die Aeste des Baumes bei dem einen Ende angebrannt werden und am andern Ende läuft das Pech heraus als wie etwa das Wasser aus dem grünen Holtze. (Diese ist nicht mehr im Gebrauch).

In Böhmen habe ich gesehen, daß kleine Ofen gemacht werden auff die Manier wie die Bäcker-Öfen, nur daß solche hinten und vorne offen sind. Darein werden lange Stücken Holtz gelegt, also daß sie auf beiden Seiten herausgehen. Wenn solche an der einen Seite angesteckt werden, so läuft am andern Ende eine grüne Feuchtigkeit heraus wie die Pappel-Salbe, womit die Böhmen und Oesterreicher ihre Wagen schmieren."[1]

Das bezeugt immerhin, daß man auch schon verbesserte Anlagen für Großbetrieb im Gebrauch hatte. Von Ölen, wie man sie wohl nur in kleinerem Maßstabe für die Apotheken darstellte, zählt Ernsting etwa

---

[1] Vgl. auch oben S. 28 und weiter unten.

hundert Jahre später auf: *Ol. Buxi, Ligni Heraclini, sanctum, Rusci,* ferner *Ol. Cornu cervi, Succcini, Asphalti* (früher wohl *Gagates*). Lémery ließ auch *Ol. Caryophyllor. per descensum* destillieren. Das folgende XVIII. Jahrh. empfahl feuchte Destillation. Man klagte, beiläufig gesagt, über die schon im Heimatlande der Droge vorgenommene Verfälschung[1]), die dann in Holland wiederholt würde.

Eingehend beschrieb Westrumb auch das hierhergehörige Sublimieren und Abdampfen. Alle drei gründen sich, wie er im § 148 seines „Handbuchs der Apothekerkunst", Hannover 1815, ausführt, darauf, „daß die Wärme die Kohäsionskraft der Körper vermindert und den Zusammenhang ihrer Teilchen aufhebt, daß sie leichter werden als zuvor und sich in die Höhe heben können und verfliegen. Die tropfbar flüssigen Stoffe werden durch die Wärme in Dämpfe (*Vapores*), die trockenen aber in Dünste (*Halitus*) aufgelöst und von den fixen und feuerbeständigen geschieden oder getrennt, wenn sie vorher mit diesen gemischt oder vereinigt waren". Und in § 150 fährt er fort: „die Wärme verbreitet sich nach allen Seiten und setzt sich gern ins Gleichgewicht, oder mit andern Worten: ein erwärmter Körper setzt einen Teil oder so lange von seiner Wärme an den kältern Körper ab, den er berührt, bis beide einen gleichen Grad der Wärme haben. Berührt demnach der in Dampf oder Dunst aufgelöste Stoff einen kälteren Körper, so wird der Wärmestoff von diesem angezogen, er trennt sich von den Dämpfen, diese werden nun sichtbar und zu Nebel (*Nebula*)[2]). Nach und nach kehren sie aber in ihren vorigen Zustand zurück und nehmen die ihnen eigentümliche Form wieder an." In § 152 scheidet er im übrigen von der feuchten und trockenen Destillation noch die *Abstractio,* „wo flüssige über trockene abgezogen werden".

Die wahre Destillation schied man im XVI. Jahrh. nach der Lage der Destillationsgefäße zueinander in die *Destillatio per ascensum* oder *recta,* von der man als Unterabteilung noch eine schräge, *per inclinationem ad latus* oder *obliqua,* abtrennte, bei der die Dämpfe sich nicht hoch zu erheben gezwungen waren, sondern in den nebenan stehenden Recipienten strömten, und die *Destillatio per descensum* (Quercetanus sagt: für den *Gagates, Guajac, Lign. Juniperi* u. dgl.).

Weitere Merkmale für ihre Unterscheidung boten die verschiedenen Grade des angewandten Feuers oder andrer Wärmequellen. Mangels eines Wärmemeßinstrumentes griff man zu ziemlich abenteuerlichen, willkürlichen Bestimmungen der *Gradus ignis*[3]). „Sie werden vielfältig beschrieben und angegeben", sagt Ernsting, „da zählet man bald vier, welches noch die beste Art ist, andre haben sechs, acht, zwölf, ja Helmont hat sechzehn gezählet, sie lassen sich nicht akkurat bestimmen",

---

[1]) Vgl. die oben mitgeteilte Angabe von Porta bez. des Nelkenöls S. 48, auch auf der Planche trois^{ième}, Fig. *K*, das von Lémery benutzte Gerät.

[2]) Vgl. oben die sprachlichen Verhältnisse S. 2.

[3]) Vgl. unten.

und es lag jedenfalls häufig genug im Interesse der Alchemisten, nach Belieben ihren *gradus* zu bestimmen, um sich auf die Art einen Entschuldigungsgrund für das Fehlschlagen der Arbeiten zu sichern[1]). Aufgezählt wird ein *Ignis lapidis philosophici*, „das sich ebenso schlecht beschreiben läßt wie die Bereitung desselben selbst", ein *Ignis lentus* oder *blandus*, ein gelindes, ein *parabolicus*, zu dem Anfachen mit einem Blasebalg gehört, das *Ignis sapientium*, durch Pferdedünger (vgl. weiter unten) erzielt, und *Ignis suppressionis* bei der *Destillatio per descensum*. Die vier Grade waren: „1. gelindes Feuer aus einem Balneo, so heiß, daß man die Hand anhalten kann, welches die Sonne hervorbringen kann, gleichsam einer Hühnerbrut ähnlich, für Digestionen u. dgl. (Vgl. auch die *Destillatio calida*.)

Der 2. Grad ist stärker, geeignet für die *Destillatio per vesicam* auch *per alembicum ex arena*.

Der 3. ist noch stärker, wird gebraucht für Destillierung aus Retorten aus trocknen Sachen und Sublimationen.

Beim 4. steht Alles in voller Glut, es ist offenes Feuer zum Destillieren der *Spiritus minerales*, besonders des *Oleum vitrioli* zum reverberieren und calzinieren."

Danach unterschied man dann *Destillatio per balneum roris s. vaporis*, *per cinerem, arenam*, weiter *per limaturam ferri* oder *martis, ignem nudum* usw., wie auch weiter unten noch gezeigt werden wird.

Abb. 36.
Kühlung nach Euonymus.

Bis in den Anfang des XVI. Jahrhunderts hinein behalf man sich offenbar mit der Kühlung des Kopfes, des Alembik, mit dem Mohrenkopf oder *Caput Aethiopis*[2]) nach uraltem klassischen und nach dem noch älteren Vorbild des das Dach benetzenden und kühlenden Regens, wie ich es oben ausführte[3]).

Eine gar nicht üble Verbesserung ist die, daß Lonicer empfahl, eine Rindsblase, wie die Abbildung (aus Euonymus) zeigt, über dem Helm zu befestigen und in sie oben Wasser eintreten, unten durch eine Tülle

---

[1]) Vom *Ignis Artephii* heißt es: Pontanus hat wohl zweihundertmal gefehlet, ehe er dieses Feuer hat treffen können.

[2]) Vgl. oben S. 51.

[3]) Megenberg setzt die oben S. 3 gegebene Stelle fort (S. 81, 11 ff.: alsô geschiht auch dem dunst, der dâ kümt von rôsen prennen oder von wein prennen: wenne der den kalten pleienne huet [bleiernen, in Wahrheit wohl zinnernen Hut] rüert, sô entsleuzt er sich auch in wazzer, und smeckt das selbig wazzer von dem ding, dâ von der dunst kümt. Vgl. unten.

und Stopfen oder einen Hahn ablaufen zu lassen. Zum bequemeren Entleeren (vielleicht auch, um den Hahn und „um viel Arbeit zu sparen") empfiehlt Euonymus II, S. 14 „Röhrlein, so Wasser ziehen". Daß er sie, Winkelheber, abzubilden sich gemüßigt sieht, scheint mir zu beweisen, daß er noch wenig gebraucht und daß jedenfalls der Name Heber (vgl. weiter unten) noch nicht gänge war. Im Jahre 1781 finde ich ihn (und Stechheber[1]) aus Blech und Glas), aber 1818 bei Parkes steht er noch (trotzdem er auch von Demachy schon, wenigstens technisch verwertet wurde) als „gläsernes Werkzeug, um Flüssigkeiten regelmäßig abtropfen zu lassen" ohne Namen angeführt.

Weitere Verbesserungen solcher Kühlart, einer wahren Dephlegmatio, dazu bestimmt, das eigentliche Phlegma[2]) [ursprünglich gleich $φλόξ$ von $φλέγω$, brennen, sengen, das lodernde Feuer, die Flamme, dann ein entzündlicher giftiger Stoff in Körper, Schleim] der alten Alchemiker, „ein stinkendes, empyreumatisches Gewässer[3]), bei Destillierung der flüchtigen Geister, als Wein, Branntwein, gegorenen Säften, deren Spiritus vermöge ihrer flüchtigen, luftigen, feinen und leichten Teile auch von dem gelinderen Feuer ausgetrieben werden, welche das wässerichte und schwere[4]) bis zuletzt zurücklassen" (im Gegensatz zu dem Phlegma der „fixen und sauren Geister", der Mineralsäuren, das zuerst übergeht), durch Abkühlung zu verdichten und in das Destillationsgefäß zurückfallen zu lassen, ehe es den Weg in den abführenden Schnabel findet und destilliert, also wahre Rückflußkühler, sind schon im XV. Jahrhundert, wie das rechtsstehende Destillationsgefäß auf der ungelenken, aber völlig deutlichen Illustration aus Biringuccis „Pirotechnica" zeigt, konstruiert und späterhin in den verschiedensten Formen gebaut und verwandt worden. Der eigentliche Alembik, der Helm ist gelegentlich durch verschiedene Stockwerke, wie Savonarola z. B. empfiehlt[5]), in die Höhe geführt worden; er wurde, um die Dämpfe möglichst von kühlender Luft umspülen zu lassen, hin und her gekrümmt, an verschiedenen Stellen erweitert, um möglichst viel kühlende Fläche herzustellen, diese Erweiterungen wurden wie flache Becken gestaltet (also direkte Anfänge späterer Beckenkühlung, wie sie in den großen Branntwein-Brennereien in Anwendung kam und wohl noch kommt). Es scheint Ulstadt gewesen zu sein, der in seinem *„Coelum philosophicum"* s. *„Liber de secretis naturae"*,

---

[1]) In Frankreich wurde für ihn im XVI. Jahrh. schon Pipette gebraucht.
[2]) Ernsting, *Lexikon chymicum*.
[3]) Vgl. oben Brunschwigk, S. 58, auf S. 34.
[4]) Vgl. auch die Abbildung aus Porta auf S. 57 und S. 63.
[5]) Demachy erzählt von einem „sonderbaren Denkmal des Vorurteils unsrer Vorfahren", das sich zu seiner Zeit noch in Paris erhalten hatte. „Eine sehr weite Blase ist mit einer Spiralröhre sechzehn Fuß hoch besetzt. Der Schnabel des Hutes ist fünf oder sechs Fuß lang und krümmt sich, um in einen sehr großen Wasserbehälter zu steigen, wo eine andre Schlangenröhre zwei Fuß im Durchmesser und wenigstens zwanzig Schritt herabsteigt. Laborant im Großen 1784, S. 199.

Argentor. 1528 aus verschiedenen Gründen, zuerst wohl, um den Dämpfen Schwierigkeiten (wie es die jetzt im Kleinen gebrauchten Glasperlen tun) in den Weg zu legen, dann um sie (er ist, denkt man an seine feine Verteilung und Kapillarität, in etwas der Vorläufer von Lowitz mit seiner Kohle!) zu reinigen, einen Schwamm in das Steigrohr steckte.

Er sagt: „Nimm einen reinen dünnen Schwamm und zerhaue denselbigen in so große Stuck, welche in der Größe sygend, daß sie oben für an allen orten inwendig der Kolbens mogind anrüren". Mit Hilfe von Schnüren sollen sie so befestigt werden, daß sie nicht in den Kolben fallen können. „Und dieselbigen schwämm söllend vorhin in baumoel gesetzt werden, und dannach wieder ein wenig ausgetruckt, damit nicht etwan das baumoel in den Kolben herabtrieffe... Und durch diesen

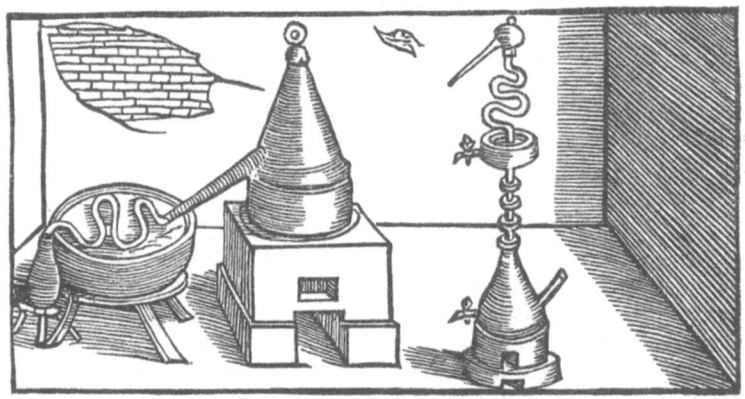

Abb. 37. Destilliergerät von Biringucci.

Schwamm werden die aufgetriebenen geister der aquae vitae simplicis seer wäsentlich und fein destilliert. Also was grober unreiner yrdischer und ungedöuvter [unverdauter] materie un substanz ist, mag von wägen des oels nicht durch den Schwamm gen und durchtringen."

An passenden Stellen ließ man natürlich von außen so gut wie möglich kühlendes Wasser auf die ganze Vorrichtung tröpfeln, wenn man nicht dem Mohrenkopf ähnliche Kühlgefäße unterwegs an geeigneten Stellen einschaltete.

Erst später offenbar dachte man, nur teilweise richtig, daran, den Schnabel abzukühlen, den schließlich nach dem „Dephlegmieren der wäßrigen, schweren", bei höherer Temperatur siedenden Stoffe „flüchtige, lüftige, feine, leichte", bei niederer Temperatur in Dampfform übergehende Teilchen, durchströmten. Das bewerkstelligte man in der Art, daß man das Ablaufrohr schräg nach unten durch ein Wassergefäß laufen ließ, wie es bei einfachen Destillationsvorrichtungen nach altem, unendlich oft im Bilde festgehaltenen Muster[1]) noch jetzt der Regel nach geschieht.

Im XV. Jahrhundert aber gab man dem Ablaufrohr auch schon, um das Destillat einen möglichst langen Weg in der kühlenden Flüssigkeit durchlaufen zu lassen und die Kühlfläche möglichst zu erweitern, die Gestalt hin- und hergekrümmter Schlangen. Libav spricht anfangs des XVII. Jahrhunderts in seiner „*Alchymia recognita*" von *Stillatoria anguinis* oder von *Canales refrigeratorii* (im Gegensatz zu recta via per dolium transeuntes) *cum multiplici gyro, Serpentini nominati* (S. 11 u. 311 ff.). Aber viel früher schon waren solche Kühl-Schlangen bekannt. Soviel ich erkunden konnte, ist die älteste bekannte Darstellung, die aus der eben genannten „Pirotechnica", der ältesten technischen Chemie von Vanoccio Biringucci[2]). Die Schlange durchbohrt hier die Wandungen des Kühlgefäßes nicht, sondern tritt darüber weg in das Wasserbecken und verläßt es in derselben Art. Vgl. die Abb. 37 auf S. 63.

Trotzdem jeder chemische Vorgang, bei dem eine Flüssigkeit erwärmt werden mußte, hätte und jedenfalls hatte beobachten lassen, daß in der Flüssigkeit eine aufwärtsgehende Bewegung stattfand, daher rührend, daß das am Boden naturgemäß zuerst erwärmte Wasser aufwärts stieg, dachte man lange nicht daran, auf Grund dieser Erscheinung den Zufluß und das Ablaufen des Kühlwassers zu regeln. Der erste, der, soviel ich sehen kann, davon spricht und die Erscheinung beachtet und ausnutzt, ist ein Arzt Claude Dariot, geboren 1533 in Pommart, gestorben 1594 in Dijon, gebildet in Montpellier unter Rondelet, Saporta usw. Ein freier Denker, versuchte er, den „Saft und das Mark" aus den Lehren der Alten und Neuen, in Sonderheit aus denen von Paracelsus herauszuziehen, und er strebte, dem Kranken das Reine oder wenigstens das möglichst Reine, die Quinta essentia aus den Arzneistoffen darzureichen. Die Hauptaufgabe des damaligen, eines reinen Jatro-Chemikers [der als ureigentlichen Zweck der Chemie arzneiliche Bestrebungen ansah, wie bis in seine Zeit hinein auch Botanik im Grunde nur Pharmako-Botanik war] ist nach seiner Ansicht: Die Trennung der Bestandteile in den einfachen Arzneistoffen (den Simplicien, wie sie damals durchweg hießen), die Extraction derer, die der Sitz der ihnen von Gott mitgegebenen Tugenden sind. Heilkräftige Bestandteile wären im Pflanzen-, Tier- und Gesteinsreich vorhanden, im ersteren verhältnismäßig am geringfügigsten. Mit deren Bestandteilen, den einfachsten und leichtesten, den öligen, beginnt er, weil sie der vornehmste Sitz der Heilkraft seien und zu vergleichen mit dem feuchten Prinzip im menschlichen Körper und weil sie des Menschen Tätigkeit, auch die seines Geistes, ermöglichten und im Gange hielten.

---

[1]) Vgl. z. B. die Pl. 1re v. Lémery, S. 75, Fig. r.

[2]) Der Arbeit Guareschis über ihn in seiner ausgezeichneten „Storia della Chimica" S. 444 entnehme ich die Abbildung mit des Verfassers freundlicher Erlaubnis.

Sein Zeitgenosse Quercetanus (in seiner „*Pharmacopœa dogmaticorum restituta*") kann, wie er sagt, die hervorragende Tüchtigkeit der Deutschen auf dem Gebiete der Destillation nicht unerwähnt übergehen. „Groß war stets das manchen Völkern gebührende Lob ob ihrer Leistungen. Der Deutschen Ruhm, daß sie mit unermüdlichem Fleiß stets bedacht sind, an ihrer Bildung zu arbeiten und zu erforschen, was noch Geheimnis deckt, wird stets währen", und wie er von einer Beschreibung des gewöhnlichen Destillationsapparats absieht, weil „Destillation ätherischer Öle aller Welt, auch denen Tyronibus [tiro, der Recrut], den Anfängern und Lehrlingen bekannt sei", so sagt auch Dariot kurz, für den großen Verbrauch berauschender Getränke in unserm Vaterlande recht bezeichnend, „der Apparat

Abb. 38.   Abb. 39.
Geräte nach Dariot.

aus Kupfer, wie er in Deutschland allgemein zur Darstellung der Aquae vitae benutzt wird, hat eine Beschreibung nicht nötig, weil er allgemein bekannt ist".

Dariots Apparat zeigt deutlich die Abb. 38: zwei gleich große, annähernd halbkugelförmige Gefäße aus verzinntem Kupferblech (bereits oben S. 49 wurde darauf aufmerksam gemacht, daß in Nürnberg schon 1551 durch eine Ratsverordnung, um Vergiftungserscheinungen vorzubeugen, die bei dem manchen Destillationen vorangehenden langdauernden Putreficieren unendlich leicht vorkommen konnten, die Verwendung von lediglich „gläsernem Prennzeug[1])" geboten worden war) wurden wohl durch

---

[1]) Sehr früh scheint das Wort brennen bis zum gewissen Grade an die Stelle des lateinischen coquere getreten zu sein, im vorliegenden Fall zuerst in der Form prennen und brennen [vgl. Bernstein]. Megenberg spricht vom Rosen- und Weinprennen. An die schon nötige staatliche Überwachung und Besteuerung erinnert die Stelle (vgl. oben S. 42) von 1450 (Cod. Brandenburg. I, 25, 379): Bernewyn shal nemand in seinem huse schenken edder gesta darto setten. 1484 heißt es (interessant auch für die Schießpulverbereitung, in Z. f. N. Sachsen 1870): Scholde bussen pulver noch vele rysscher [rascher, wohl entzündlicher] werden, so ... besprenge dat (nicht mehr, wie es nach Jacobs, „Das Aufkommen der Feuerwasser am Niederrhein", in Köln 1373 geschah, mit Wein, sondern) myd bernewyne. Aus andern Gründen ist die Stelle aus dem XVI. Jahrh. bemerkenswert: „Ein Stallvogt trank Lauge für (ge-)brannten Wien", aus welchem Ausdruck dann der uns geläufige Branntwein entstand.

eine Nut oder sonst wie möglichst fest aufeinander gepreßt und dann mit einem der vielen bekannten und gebräuchlichen Kitte gedichtet. Die obere Hälfte verjüngte sich nach oben wie ein Kolben und ging schließlich in einen „Kopf" über, der durch die Mohrenkopfkühlung gekühlt wurde. Man sieht hier aber deutlich, daß der Ablaufhahn für das, wie Dariot sagt, meist aus einer Wasserleitung, wie sie häufig für häusliche Zwecke vorhanden sei, entnommene Wasser hoch liegt, weil, wie er erklärt, „es an dieser Stelle sich stets zuerst erwärmt". Ganz dieselbe Erfahrung und Erwägung bestimmt ihn auch, in dem Kühlfaß, in dem ein weiteres Rohr steht, das unten seitwärts im Winkel abgeht und in das der Schnabel des Destillationsgefäßes hineinreicht, den Ablaufhahn hoch oben anzubringen[1]).

In zwei weiteren Abbildungen sehen wir ein langes, dünnes, lebhaft an die Röhrenform erinnerndes wagerecht liegendes Kühlfaß mit wasserdicht befestigtem Kühlrohr darin, das die wesentlichen Kennzeichen des späteren Weigel-Liebigschen Kühlers zeigt. Wohl ist der Wasserzu- und -ablauf vom Zeichner nicht angedeutet, nach dem Vorerwähnten ist es aber völlig klar, daß er nur nach Maßgabe der Erfahrungen Dariots gearbeitet gewesen sein kann, die, wie es scheint, lange Zeit vergessen oder gering geachtet worden sind. Jedenfalls läßt Lémery (Vgl. seinen Cours de chymie, Paris 1687) das Wasser aus seinem Kühlfaß mit[2]) geradem Ablaufrohr, Baumé ein Jahrhundert später (Vgl. die Élements de Pharmacie von 1777) das aus seiner vortrefflich konstruierten Mohren-

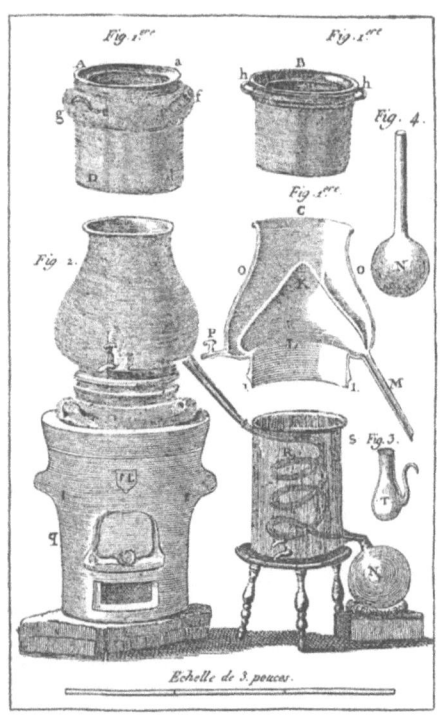

Abb. 40
aus Baumés „Élements de Pharmacie".

---

[1]) Ich verdanke diese Abbildung der Liebenswürdigkeit von Herrn Dr. A. Baudot in Dijon, dem Verfasser des vortrefflichen Werks: „La Pharmacie en Bourgogne", Paris 1905.
[2]) Vgl. die Planche 1re Fig. r, und Planche seconde seines Werkes, Fig. q weiter unten.

kopfkühlung ganz unten abfließen, und Demachy scheint der erste gewesen zu sein, der etwa zehn Jahre später Dariots Erfahrungen sich zunutze machte oder neu erfand[1]).

Daß es übrigens für Darstellung von „Prennzeug" schon gewisse Spezialisten gab, wird dadurch belegt, daß der für die Hofapotheke in Dresden bestimmte von Georg Storm in Augsburg[2]) bezogen wurde. In Venedig z. B., wo die Fabrikation von allen möglichen Präparaten für den Gebrauch der Apotheker schon seit einem Jahrhundert nach persisch-arabischem Muster im Großen getrieben wurde, waren Geräte im Gebrauch, wie sie schon oben beschrieben worden sind (S. 37). Außerdem brauchte man Faule Heinze, Athanore oder wie solche Dauerbrenner genannt wurden.

Um sich gegen Bruch der Glasgefäße zu schützen, bediente man sich der Lorication, d. h. sie wurden mit einem Lorum [urspr. ein aus Leder gefertigter Panzer] oder Lutum aus Lehm, Blut, Rindshaaren usw., also ganz nach oben erwähnter arabischer Art beschlagen, oder aber man stellte sie, ebenfalls nach altem Muster, in Bäder aus Sand, Asche, Eisenfeile oder aus Wasser. Ein solches Diploma, wie es schon oben als längst[3]) bekannt erwähnt ist, zeigt Ryff im Bilde. Frühzeitig wurde im übrigen auch schon zum Destillieren saurer

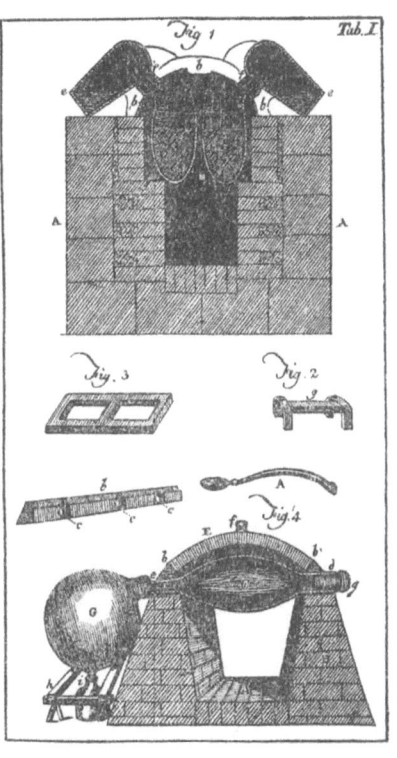

Abb. 41. „Scheidewassergaleeren" nach Demachys und Hahnemanns „Laborant im Großen".

Flüssigkeiten, die schwer und stoßend siedeten und metallene Gerätschaften angegriffen hätten, tönerne Gefäße benutzt. Jedenfalls waren sie, einmal weil die Retortenform schwer nachzubilden gewesen wäre, auch ihre Beschickung mit zum Teil festen Körpern und ihre Entleerung von dem

---

[1]) Beiläufig gesagt bringt Liebigs Handwörterbuch auch noch die Abbildung einer Mohrenkopfkühlung mit Ablauf ganz am Boden. Abb. 47 auf S. 542, Bd. 2, 1842.
[2]) Vgl. oben S. 49.
[3]) Vgl. auch die Abbildungen.

festen Rückstand — ganz allgemein *Caput mortuum*¹) — viel Schwierigkeiten gemacht hätte, und die „oblique" Destillationsart das gestattete, wie in der oben gegebenen arabischen Darstellung der Rosenwasserdarstellung, den Vorlagen gleichgestaltet krukenförmig. Aus ihnen dürfte Scheidewasser, *Aqua fortis*, zuerst wohl in größeren Mengen in Frankreich destilliert worden sein, und im Andenken an die dort bekannten, mit zweireihig angeordneten Ruderern getriebenen Galeeren taufte man die länglichen Öfen, in denen über Holz-

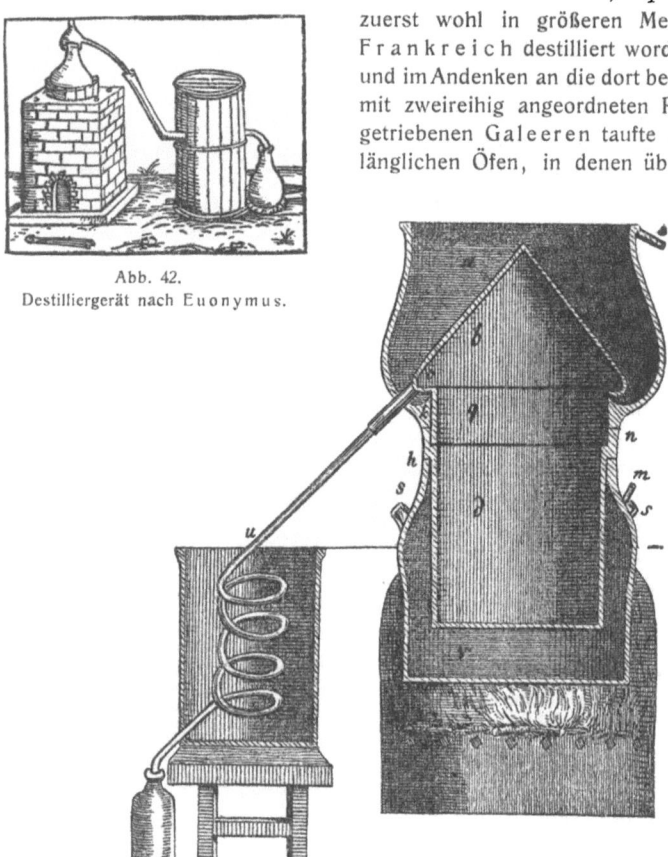

Abb. 42. Destilliergerät nach Euonymus.

Abb. 43. Französischer Alambik mit „Serpentine" nach Demachy.

feuer zwei einander entgegengesetzt liegende 20—30 Cuines [die Etymologie ist unbekannt vgl. oben S. 56] erhitzt wurden, mit diesem Namen²). Vor Demachys Zeit, also vor dem letzten Drittel des XVIII. Jahrh., scheint der Name nicht vorgekommen zu sein, jedenfalls finde ich ihn vor ihm nicht erwähnt.

---

¹) Vgl. darüber weiter oben S. 27¹).
²) Demachy in seinem „Destillateur des eaux fortes".

Vom Westen her übernahm vermutlich Deutschland die Methode und „die schön angelegten Ofens, da wohl zwanzig, ja bis fünfzig Retorten eingelegt und mit einem Feuer destilliert werden konnten"[1]), also wohl Galeerenöfen, wie sie in Nordhausen seit dem XVIII. Jahrh. zur Bereitung des Nordhäuser Vitriolöls gebraucht wurden.

Daß in Frankreich auch schon rationeller eingerichtete, leicht zu beschickende und zu entleerende Einrichtungen für größeren Betrieb in Anwendung kamen, zeigt die Abbildung aus Demachys „Laborant im Großen", Fig. 4 der Abb. 41, S. 67.

Es war schon den Alten bei ihrer Holzdestillation aufgefallen, daß das Destillat je nach der Dauer der Arbeit verschieden geartet war (vgl. oben S. 11). Es mußten bei der Arbeit mit durchsichtigen, gläsernen Geräten solche Beobachtungen selbstverständlich in großer Anzahl gemacht worden sein, und man stellte Überlegungen und Untersuchungen an, um dem Grunde solcher Erscheinungen nachzuspüren. Daß die letzten Bestandteile

Abb. 44.
Destilliergerät nach Ryff.

Abb. 45.
Destilliergerät nach Euonymus.

aus flüssigen oder festen Stoffen erst bei vermehrter Hitze zur Verdampfung und Destillation gebracht werden konnten, erfuhr man sehr bald. Damit hatte man im Grunde entdeckt, daß die verschiedenen „Fraktionen" einen immer höheren Siedepunkt hatten. Gerade umgekehrt wie wir es jetzt zu tun pflegen, wie *Euonymus Philiater* es übrigens auch tat, wenn er, mit einer wechselnden Zahl von Lichtern (vgl. Abb. 65, S. 87) arbeitend, aus Wein die vier Elemente darstellte, ging er (II, S. 282) vor bei Anwendung des recht zusammengesetzten Gerätes, Abb. 45. Er beschreibt die Arbeitsart folgendermaßen:

„In dem öfelin auff der rechten Hand, aus welchem drey Feuerflammen gehn und schlahen, soll rein gerädem sand gethan vnd ein Fevr darein, so groß bis in dritten grad gemachet werden.

---

[1]) Ernsting, unter Spirit. Vitrioli. Vgl. weiter unten.

In andern ofen, so inmitten zwischen beyden steht, sol auch sand gethan vnd ein Temperiert Fevr bis in den andern Grad gemachet seyn, wie dann der Flamm im Ofenthürlein zeigt.
Im dritten öfelin sol ein Marienbad, vnd das allerlindest Fevrlein seyn".

Bei starkem Feuer bringt er also erst die ganze Flüssigkeit ins Sieden, und die Dämpfe treten in eine große Vorlage, die der in Lonicers Apparat (s. S. 52) entspricht, wo eine „Fraktion" niederschlägt. Der größte Teil Dampf geht in den zweiten Apparat, wo er etwas geringerem Feuer ausgesetzt wird. Was dabei zum Kochen kommt, steigt in den letzten Alambik, und was in ihm bei Wasserbadwärme zum Sieden kommt, geht in die letzte Vorlage.

Wesentlich einfacher ist ein Gerät, das Ryff angibt und auf S. 69 abgebildet wurde. Im Wasserbade steht die kesselförmige Blase.

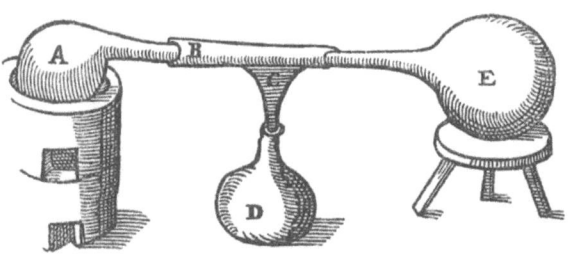

Abb. 46.
Gerät nach Euonymus, das sicherlich zwei „Fraktionen" gab.

In verschiedenen Höhen des in eine spitze Pyramide ausgezogenen Helms (das auf S. 57 Abb. 33 abgebildete Gerät Portas stellt schon eine unbewußte Verbesserung dar. Jedenfalls hat es verschiedene Destillate gegeben) sind Ablaufschnäbel angebracht, aus denen unzweifelhaft verschiedene hochsiedende „Fraktionen", die leichteste aus der obern Röhre, ausgetreten sein müssen.

Im Jahre 1736 bildete G. H. Burghardt in „Die zum allgemeinen Gebrauch wohleingerichtete Destillierkunst", Breslau 1736, einen bauchigen Vorstoß ab mit einer nach unten gehenden Abzweigung. Die Einrichtung gab jedenfalls zwei, wenn auch nicht wesentlich verschieden hochsiedende Fraktionen, sie gleicht im übrigen der von Dariot gegebenen noch zu besprechenden, allerdings zu andern Zwecken angebrachten Abzweigung, und sieht ihr Vorbild wohl in der von Euonymus wenigstens geplanten Einrichtung, die die Abb. 46 zeigt.

Daß man verschiedene Fraktionen auffing, belegt auch Lémery. Bei der Beschreibung der Destillation von Terpentinöl aus Terpentin erzählt er, daß nach Maßgabe der Verstärkung des Feuers die Farbe des

Destilates dunkler wird, und daß Sorge getragen werden muß, die wasserklaren gelben und roten Anteile zu separieren, in verschiedenen Vorlagen aufzufangen. Zum Zweck der Trennung verschieden hochsiedender Körper, in seinem Falle ätherischen (Citronen-) Öls, gestalteten die Arbeitsart im Jahre 1833 Blanchet und Sell (Annal. d. Pharm. VI, 306) aus und gaben ihr den obengebrauchten Namen. 1838 untersuchte Ph. Walter Pfefferminzöl in gleicher Art in Paris, und Gmelin (Handbuch d. Chemie, Bd. 7a, S. 404) gebrauchte dafür den deutschen Namen „gebrochene Destillation". In Liebigs Handwörterbuch findet sich unter „Destillation" der Ausdruck noch nicht, erst 1854 im Text unter Pfefferminzöl.

Zur „Fraktionierung", zu Siedepunktbestimmungen, die zu den täglichen Arbeiten im chemischen Laboratorium gehören, bedient man sich jetzt kleiner „Siedekölbchen", meist selbst vor der Lampe geblasener kugelrunder Kölbchen, in deren Röhre das tiefreichende Thermometer steckt. Das Dampfableitungsrohr tritt wenig nach unten geneigt heraus. Nach Ladenburgs Angaben bekommen die Kölbchen, die z. B. Schimmel & Co. zu ihren vielen Untersuchungen brauchen, bestimmte Abmessungen.

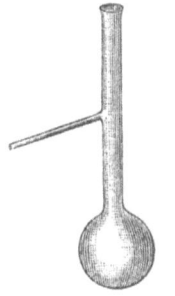

Abb. 47. Siedekölbchen.

Noch ein andres lehren Dariots Zeichnungen und der zugegebene Text. Er sagt im Kapitel V, Destillation der Gummata, daß der besonders bei ihrer Verarbeitung, selbst nach vorherigem Mischen mit Weingeist, Wein oder Essig auftretende höchst widerwärtige Nebengeruch vermieden werden könne, wenn die Öle mit, in Rotglut kalziniertem Eisenvitriol rektifiziert würden. Aber auch ohne weiteres, sofort könnten sie tadellos, am besten nach vorherigen Mischen mit Ziegelbruchstücken destilliert werden. Der „widerliche Geruch,

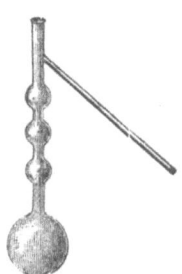

Abb. 48. Kölbchen nach Ladenburg.

entstehend da, wo sich die Dämpfe zur Flüssigkeit verdichten, weil dabei „*Empirephma*" sich bildete", werde durch passende Kühlung gerade an der in Betracht kommenden Stelle verhindert, und zwar in folgender Art:

„Man lasse eine zwei einen halben Fuß lange Röhre aus versilbertem Kupfer oder noch besser aus Silber machen, am untersten Ende etwa daumendick, oben weiter. Hier muß sie abzweigen, die gerade Fortsetzung nimmt die Dämpfe aus dem Destilliergefäß auf, die im Winkel abgehende die Dämpfe, die ein Kolben mit Wasser entwickelt, das unter dem Destillierapparat auf einem kleinen Windofen oder auf einem Dreifuß über freiem Feuer stehend, zum Sieden erhitzt wird."

Besonders das Arbeiten mit einem Apparat, wie die erste Abbildung ihn zeigt (die Dämpfe treten direkt in den oberen Teil der krukenförmigen Blase), ist immerhin als der Anfang einer Destillation mittels Dampf anzusehen und muß, da der, wenn auch spät eintretende Wasserdampf sicher eine Überhitzung des Destilliergutes und damit eine Bildung von Brenzstoffen in dem sich entwickelnden Öl unmöglich gemacht hat, verhältnismäßig gute Öle geliefert haben.

Abb. 49.   Abb. 50.
Dariots Geräte mit Zuhilfenahme von Wasserdampf.

Daß Dariots eben beschriebenes Kühl-, und sein jedenfalls wesentlich verbessertes Destillationsgerät in Deutschland irgend bekannt oder gar verwendet worden ist, habe ich nirgends entdecken können — auch Lémery[1]) sogar kennt sie nicht (läßt, wie oben gezeigt, ja auch das Kühlwasser ruhig am Boden der Kühlgefäße ablaufen).

Daß Lonicer die Dampfdestillation kannte, vermutet Peters. Die Deutung eines zweiten blasenähnlichen Gefäßes auf dem Fußboden neben der ersten Blase im Ofen, aus der durch ein vielfach gekrümmtes Rohr, dadurch jedenfalls abgekühlter Dampf, richtiger wohl nur Wasser, in den oberen Teil der zweiten Blase geleitet wird, als eigentliche Destillierblase zur Aufnahme des Destillierguts, die der ersten lediglich als Dampfentwicklungsgefäß ist

Abb. 51. Lonicers, irrtümlich als zur Dampfdestillation geeignet angesehenes Gerät.

falsch, wie aus Libavs Beschreibung des auch von ihm aufgenommenen zusammengesetzten Geräts hervorgeht. Er sagt (S. 34) „Ampulla, in quam desinit meatus primus et in qua colligitur aquositas, quae ne augeatur plus

---

[1]) Cours de Chemie, Paris 1687. S. unten Planche 1re y und seconde q.

gusto, per epistomium emitti potest in concham et ab oleo separari."
Die „Ampulla" spielt also nur die Rolle eines Dephlegmators[1]). Es war übrigens Dampf als Heizmittel schon Jahrhunderte lang bekannt und wurde entsprechend (z. B. zur Heizung von Bädern, wie in der berühmten Göttinger Handschrift Bellifortis im Bilde gezeigt wird) gebraucht.

Schon oben auf S. 45 habe ich von Kohobieren gesprochen. Jedenfalls wurde es schon bei der Darstellung konzentrierter Ruchwässer angewandt, aber auch, und jetzt vermutlich immer mehr im Sinne von Quercetanus, um Körper (und zwar in erster Reihe pflanzliche Arzneistoffe)

Abb. 52. Badehaus mit Heizung durch Dampf aus einem retortenförmigen Gefäß nach der Handschrift Bellifortis aus dem Anfang des XV. Jahrhunderts.

in ihre Bestandteile zu zerlegen, um aus ihnen das Wesentliche, die *Quinta essentia* auszuziehen, von dem Wertlosen, dem *Caput mortuum* zu trennen. Dementsprechend erklärt Lémery, der eigentliche Begründer der Phytochemie „La cohobation se fait pour ouvrir les corps", sie dient dazu, ihre Eigenart zu erschließen. Erst Caspar Neumann in seinem „Lehrbuch der Apothekerkunst" von 1786 spricht vom Zurückgießen des Destillats auf frische Rohstoffe, also von einem modernen Kohobieren und von der Absicht, die die Alten bei ihren Arbeiten in den Zirkuliergefäßen und Porta im Sinne hatten.

---

[1]) Peters, Aus pharmazeut. Vorzeit I, S. 162, 2. Aufl.

Wenngleich Lémery bei seinem „per descensum" destillierten Nelkenöl (er nimmt die Operation in Wassergläsern vor[1]), die er mit einem Zeugstück so verbindet, daß dieses wie ein Trichter hineinhängt. Dahinein tut er die Nelken, darüber eine, sie fest nach außen abschließende metallene Wagschale, in sie glühende Asche, deren Wärme genügen soll, um erst Phlegma, dann Nelkenöl herabtropfen zu machen) sagt, daß es „klar und weiß" sei, und wenn nach andern Beschreibungen die damals dargestellten ätherischen Öle den modernen, aufs vorsichtigste destillierten Ölen ähnlich aussahen, so werden sie vermutlich doch häufig genug manches zu wünschen übrig gelassen haben. Es würde sonst — wenn wir nicht annehmen wollen, daß Höflichkeit und Dankbarkeit ihm die Feder führten — kaum Quercetanus, der der deutschen Kunst des Destillierens, wie oben schon gesagt wurde, das beste Zeugnis ausstellte, noch ausführlich auf die Öle zu sprechen gekommen sein, die der damalige Verwalter und Besitzer der Casseler Hofapotheke (es kann sich nur um sie und einen Apotheker Klagk gehandelt haben) darzustellen sich rühmen konnte.

Quercetanus beklagt, daß die ätherischen, die *Olea aromatum*, wie sie sich von den, größtenteils zur Bereitung von Sirupen dargestellten Wässern abscheiden, doch mancherlei Unannehmlichkeiten im Gefolge hätten, selbst wenn sie in kleinen Fläschchen *(Phialae)* aufbewahrt würden. Allen solchen Erscheinungen beuge vor und gestatte, sie in gleichem Geruch, Geschmack und gleich gefärbt zu erhalten, die Arbeitsart, die ihm von einem gelehrten deutschen Arzt mitgeteilt worden sei, nämlich die Destillation mit *Manna coelestis*, „weil diese die Kräfte der Aromata und ihre Tugenden an sich zieht und sie sogar noch aufs vortrefflichste verbessert." Es handelt sich um einen Zusatz, ähnlich den Ziegelsteinbrocken, den Lateres, wie sie schon Mesue in seinem Grabbadin und Abulkasis in seinem Liber servitoris zur Destillation eines *Ol. Latericium* oder *Laterinum* (ein Substitut ist noch ein beliebter Handverkaufsartikel der Apotheken) gebrauchte, ähnlich dem Eisenoxyd, wie es Dariot empfiehlt, und andern wie Hefe, Honig, Petroleum, Terpentinöl, Küchensalz, *Sal Alkali*, Holzasche, *Sal mirabile, Sal digestivum Sylvii* (ein unreines Kaliumchlorid), „etliche thun sogar *Salia acida* oder das *Ol. vitrioli* und *Spirit. Salis*[2] zu", die später beliebt wurden,

---

[1] Vgl. Trois^e planche von Lémery k Abb. 54.

[2] Diesen Zusatz empfiehlt Glauber (Pharmacopœa spagyrica III S. 5 u. a.) zur Destillation, noch mehr aber zur Rectifikation. Seine Erfahrung belehrte ihn, daß die Apotheker, da sie manche Öle nur einmal im Jahre brauchten „sie abgeben, so gut wie sie haben. Hilft es den Kranken nicht, so hilft es doch ihrem Beutel, ist aber nicht recht vnd vergleicht sich mit der christlichen Lieb gar nicht, es ist ein Ding, das das Gewissen beschwert. Es wird auch *Ol. Laterinum* (das eben erwähnte über Ziegelsteinbrocken trocken destillierte Öl) und *Cerae* gefunden, aber mehrenttheils durch Stehen so veraltet, verrochen, dick, roth vnd zeh, sehr stinkend vnd vnkräfftig, den solche *olea* selten rectificiret und also verkaufft werden, wie sie das erste mal per retortam übergehen. Solche Öle sollen von dem *Sal volatili* geschieden, über ihrem *Caput mortuum* oder ein anderes Aschensalz denn mit *Spiritus Salis* rektifiziret werden."

— 75 —

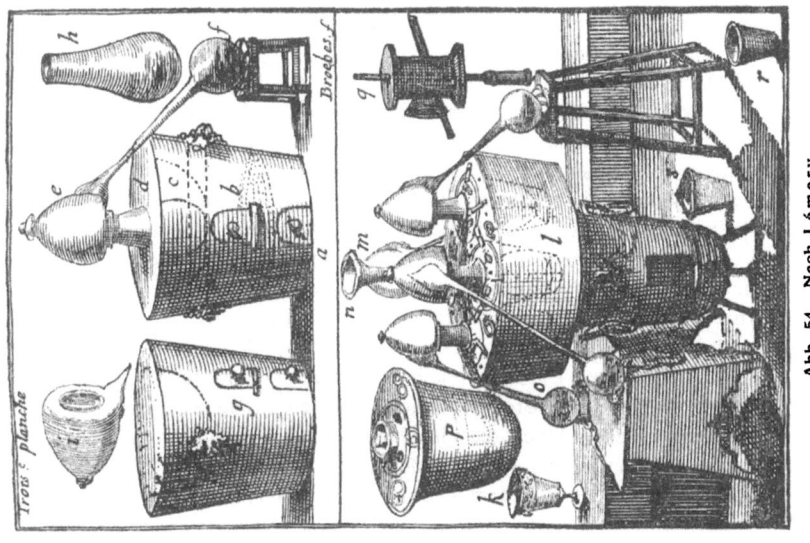

Abb. 53. Nach Lémery.

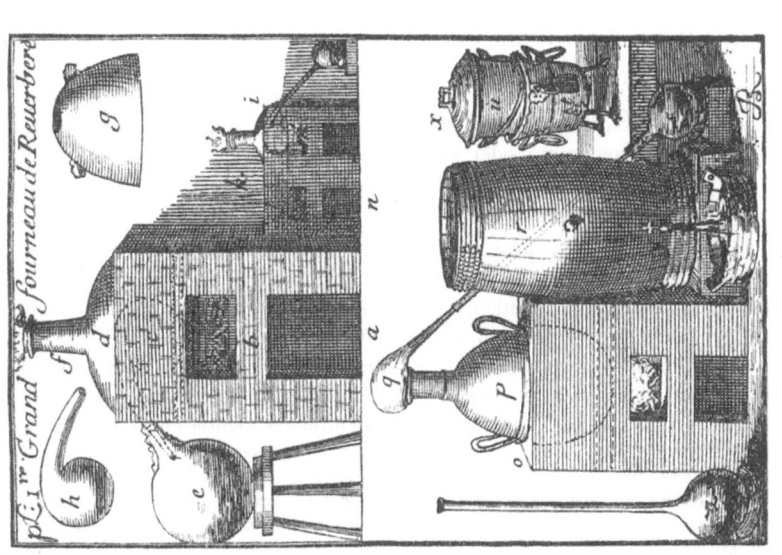

Abb. 54. Nach Lémery.

„damit der Oel besser von dem Kraut abgesondert werde"[1]). Mehr als diese Andeutung gibt Quercetanus nicht, um seinen Gewährsmann nicht zu kränken. Er meint auch, daß sie dem Sachverständigen genügen werde, um sich danach zu richten.

Was bei den mineralischen Zusätzen nützlich war und in Frage kam, war wohl allein ein Lockermachen und Verteilen des Destillierguts und vielleicht das Bestreben, allzu hohe Temperatur und das Anbrennen zu verhindern. Die löslichen Körper, insonderheit die Salze, erhöhten die Ausbeute vermutlich etwas durch Erhöhung des Volumengewichts der destillierenden Flüssigkeit und damit der Ölausbeute. Bestimmend für die Zutat der meisten Körper aber war wahrscheinlich der Glaube an die „aufschließende" Wirksamkeit der Putrefaktion. Schon im klassischen Altertum hatte man beobachtet, daß Gärung, auch faulige, Gas- und Geruchentwicklung unter Blasenbildung und Schäumen zur Folge hatte. Daher hat, wie Livius berichtet, Hannibal Carbonate enthaltende Felsen mit Essig „putrefecit", und durch langes Stehenlassen meinte man, bei chemischer Arbeit die einzelnen Körper, besonders bei höherer Wärme, zu besserer Einwirkung aufeinander, zu einer Art Verdauungszweck, Digestio, wie im Magen, zwingen zu können, noch mehr durch Hinzufügen eines *Fermentum*, eines, das *Fermentescere*, das Gähren, arab. *chammar*, befördernden Mittels. Als solches wurden vermutlich die genannten Körper angesehen, und für die Richtigkeit meiner Mutmaßung spricht Ernstings Erklärung der Putrefactio:

„Durch die Fäulung verstehet man eine innere Bewegung der Teile einer Sache, wodurch die Beschaffenheit und das Wesen derselben verändert wird. Dadurch entweder die flüchtigen, sauren Teile teils von einer Sache losgemacht werden, daß man sie desfalls ehender erhalten oder bekommen kann; oder sie werden auch teils dadurch weggetrieben, nachdem man eine Sache vor sich hat, so man in die Faulung setzt, die entweder lang oder kurz drinnen stehen muß".

Bezüglich der Aufbewahrung sagt Quercetanus, daß in runden Büchschen je 15 bis 20 verschiedene Arten von Ölen, wie sie verlangt werden, aufbewahrt würden. Mit einem Zahnstocher[2]) würden die nötigen kleinen und doch so ausgiebigen Mengen herausgeholt.

Ein Vorrat von solchen vortrefflichen Sachen täte in jetziger Zeit den Apotheken mehr Not als eine Übermenge von goldstrotzenden Büchsen, die doch nichts weiter als nichtigen Wind enthielten. Unter den glänzendsten

---

[1]) Ernsting, Lexic. pharmaceut. 1770, S. 881.

[2]) *Dentiscalpia* [dens und scalpo, wie sculpo kratzen, schaben], weiße oder rote Zahnstocher oder Bürsten, besser Zahnpinsel wurden aus *Rad. Althaeae, Liquiritiae, Malvae* und dgl. gemacht und in den Apotheken vorrätig gehalten. Sie wurden fingerlang eben geschnitten, auf „beiden Enden mit einem spitzigen Messer oder noch besser Pfriemen, Nadel etc. eingekerbt, so daß deren Fibrae fein auseinander gehen und wie ein Pinsel gestaltet werden". Um sie rot zu färben, wurden sie mit einem Farbdecoct getränkt.

und besteingerichteten öffentlichen und privaten Apotheken (Officinae) in Italien und Deutschland und andern Ländern habe er keine angetroffen die gleiche, geschweige denn überträfe die im Schlosse des Fürsten in Cassel (es kann sich, wie gesagt, wohl nur um dessen Hofapotheke handeln). Um sie einzurichten und auszustatten trügen nicht allein die vortrefflichen und hochberühmten Ärzte des Landgrafen Moritz von Hessen bei, sondern dieser große und hochmögende Herr scheue sich nicht, selbst Hand bei solchen Arbeiten anzulegen.

Um das Abscheiden des flüchtigen Öls [vgl. oben S. 43], des *Ol. aethereum*, „weil sie sehr flüchtig und von der Luft [dem $\alpha i\vartheta\eta\varrho$] bald nach sich gezogen werden[1]" von dem mitdestillierten Wasser, dem *Phlegma*, zu trennen, bediente man sich allerlei Kunstgriffe, die auf die Verschiedenheit der spezifischen Schwere der Öle sich stützten und ihre allgemeine Eigenschaft, „aquae innatare" oder „fundum petere", wie man letzteres bei *Ol. Caryophyllorum* und *Cinnamomi* beobachtet hatte. Quercetanus sagt kurz „ab aqua secernitur cum infundibulo (ut vocant)", mittels eines Trichters. Man verfuhr und verfährt auch jetzt wohl noch gelegentlich in der Art, daß man das Destillat „auf ein mit Wasser naß gemachtes Filtrum aus Löschpapier gießet, es läuft das Wasser durch und das Öl bleibt im Filtro zurück, wobei aber viel verschmiert wird[2]". Um das zu vermeiden verfuhr man schon im Anfang des XVI. Jahrhunderts so, daß man das Destillat in ein Separatorium (Schröder bedient sich des, vielleicht aus Trichter[3]) gebildeten Worts Tritorium dafür), ein Scheideglas, das später, mit zwei Henkeln und einer lang ausgezogenen Spitze versehen, in den Scheidetrichter gewandelt wurde, tat. Eiförmig sahen sie aus, unten und oben hatten sie ein Loch. „Darinnen wird das flüssige mit den Oelen gegossen, und so hält man oben das Loch mit dem Daumen zu und läßt unten die Phlegma weglaufen, so bleibt das Oel im Glase zurück." Im XVIII. Jahrhundert wird das *Separatorium* geschildert „wie eine blecherne Pumpe gestaltet, unten ganz spitz mit einem weiten Bauch und oben einem Loche, an beiden Seiten oben zwei Ringe oder Halter[4]". Daraus, daß ich den Namen Heber oder Stechheber[5]) für

---

[1] Caspar Neumann 1740. Im selben Jahre etwa kam der Name Äther für die „versüßten Säuren und Naphthen" dann speziell für Schwefeläther auf. 1648 hatte Glauber schon Äthylchlorür in seinem „lieblichen klaren *Oleum vini*" unter den Händen gehabt, Hohenheim seinen *Spiritus Vitrioli antepilepticus*, jedenfalls einen unreinen Äther aus Wein und Vitriolöl, und etwa 1539 Valerius Cordus als *Ol. de Chalcantho* im Laboratorium seines Onkels, des Apotheker Ralla in Leipzig (vgl. auch weiter unten) dasselbe reinere Schwefelpräparat destilliert.

[2] Ernsting, S. 880. Vgl. unten Abb. 56 S. 79.

[3] Dieses Wort, das niederdeutsch und niederländisch Trachter und Trechter lautet, stützt sich auf einen n. lat. Tractarius, umgeformt aus Trajectorium von trajicere. [Vgl. dazu U-trecht, Mas-tricht.]

[4] Ernsting, Lexic. chemic. S. 713, pharmaceutic. S. 880.

[5] Die erste Abbildung von Stechhebern fand ich auf dem Bilde eines Destillierraumes bei Demachy in Le distillateur d'eaux fortes, 1773; „Winkel-Heber" in Lefêvres „Chymischem Kleinod" von 1685.

dieses Gerät nicht finde, ist wohl anzunehmen, daß es um diese Zeit deutsch noch als Pumpe ging. (Vgl. oben S. 62 die Bezeichnung „Röhrlin so Wasser ziehen" für den Winkelheber bei Euonymus Philiater.) Handelte es sich um *Olea fundum petentia*, die man abheben wollte, so dachte man offenbar nicht daran, das Phlegma mit einer „Pumpe" oben abzuheben oder das schwere Öl aus dem Separatorium zu unterst ablaufen zu lassen, sondern man goß etwas von dem wäßrigen Teil des Destillats oben ab, „löste darin soviel gemein Salz auf, als darin schmelzen will, und gießet dieses wieder zu dem Gefäß hinein und rühret um. Ist es nun so weit eingetränket, daß das Wasser schwerer als das Öl ist, so steigt es nach oben und setzt sich oben auf das Wasser als andere Öle". Caspar Neumann scheint diese Methode zuerst angegeben zu haben: „Mit *Experimentis* erwies er, wie er alle *Olea essentialia* nach seinem Belieben oben oder unten oder auch mitten im Wasser schwimmen lassen konnte[1]".

Eine weitere Art der Absonderung der spezifisch verschieden schweren Flüssigkeiten, des zuerst fetten, dann des ätherischen Öls von dem beim Pressen, dann beim Destillieren mit gewonnenen Wasser, geschah, wie man noch bis ins XVII. Jahrh. hinein sagte, durch *„Destillatio" per filtrum*[2]), wie sie von (Pseudo-)Gebers Zeit her auch jetzt noch gehandhabt wird. „Man läßt die (Auffange-)Bouteille meist voll laufen und hänget oder bindet mit einem Faden sodann ein kleines Glas daran, daß dessen Mundloch genau an das andere passet, und macht sodann einen feinen Dacht [die eigentlich richtige aber dialektisch gebliebene Form für Docht] aus Baumwolle und stecket das eine Ende des Dachts in das leere Glas, das andere in die Bouteille oder Vorlage, darin sich der Oel über dem Wasser stehend befindet. Der Dacht soll den Oel gleich erreichen und nicht zuerst von dem Wasser eingetränket werden, so ziehet der Dacht den Oel in das leere Glas, welches auch niedriger gebunden werden und gleichsam herniederhängen muß[3]", die „Bouteille" muß natürlich stets bis zur entsprechenden Höhe gefüllt erhalten werden.

Daß man sich bestrebte, das *Ex-* oder *Recipiens*, das *Receptaculum*, das Auffanggefäß oder die Vorlage so einzurichten, daß die schon im Kühlgefäß oder in dieser selbst sich nach Maßgabe ihres verschiedenen Volumgewichts trennenden Flüssigkeiten, Phlegma zumeist zu unters, das wesentliche, das ätherische Öl zu obers abgesondert werden konnten, wird erst im XVIII. Jahrh. bekannt. Der erste, bei dem ich eine Vorrichtung beschrieben finde, die gleich als Vorlage benutzt werden kann, ist Moise Charas in seiner „Pharmacopée royale Galénique et chimique", Paris 1681. Was er sonst noch empfiehlt, sind ebenso wie die Vor-

---

[1]) Ernsting, Lexic. pharmaceut. S. 879; Neumann, Praelectiones chemic. 1740, S. 697.

[2]) Libav sagt übrigens schon 1610, daß diese Destillatio nur „*ad transferendos liquores*" dient, und Schröder beschreibt die Methode unter Filtrare.

[3]) Ernsting, Lexic. pharmaceut. 882. Vgl. die Abb. 53.

richtungen von Homberg, Porta u. a. nichts andres als Scheidetrichter oder „Decanthier-Gefäße" in Trichterart. Es ist wohl als ziemlich wahrscheinlich anzusehen, daß Charas die Vorlage aus Italien, und dann wohl aus Florenz oder durch Vermittlung der Stadt, die schon lange Blumen destilliert hatte, kennen gelernt hatte. Baumé († 1777) bildet sie ab und beschreibt sie als „Recipient, fait à peu près comme une poire allongée: au ventre un tube de verre, fait en S par le haut" (S. 346 vgl. die Abb. 40 Fig. 3 T). Macquer nennt sie, auf de la Garaye sich stützend, italienische Vorlagen und beschreibt sie, V. 501 und III. 703, folgendermaßen:

„Daß sie niemals voll werden, sondern das Wasser, so wie es nöthig wird, abläuft und das Oel darinnen zurückbleibt, erhält man durch ihre Bildung. Es sind nämlich gläserne Kolben, welche oberwärts so enge zusammenlaufen, daß ihr Hals oder ihre oberste Mündung nur ungefähr so weit ist, daß er den Schnabel der schlangenförmigen Röhre oder des

Abb. 55.
Destillatio per filtrum
an Florentiner Flasche.

Abb. 56. Florentiner Flasche für leichte Öle.

Abb. 57.
Florentiner Flasche
für schwere Öle.

Helms aufnehmen kann. Eben diese Vorlagen sind überdieß gegen die Mitte des Bauchs mit einer zweyten Oeffnung versehen, an welche eine gläserne Röhre angeschmolzen ist, die so krumm läuft, daß sie längst der äußeren Seite der Vorlage bis drittehalb Zoll unter der oberen Oeffnung derselben senkrecht in die Höhe steigt, sodann aber gegen die dem Bauch der Vorlage entgegenstehende Seite wieder zurückgebogen ist, um die in selbige gestiegene Feuchtigkeit in ein anderes Gefäß hineinfließen zu lassen. Sie stellt ein römisches S vor."

Es ist das die seit, wie es scheint, kaum mehr als 50 Jahren als Florentiner Flasche bezeichnete Vorlage, die auch in der Art (um die Höhe des Standes der Flüssigkeiten nach Belieben zu bestimmen) geändert wird, daß die nach oben möglichst kegelförmig gestaltete Flasche (um ähnlich wie bei den Erlenmeyerschen Kolben ein Anhängen der Flüssigkeiten tunlichst zu verhindern) unten einen Tubulus hat, in dem die S-förmige Röhre beweglich mittels eines Pfropfens befestigt ist. Daß eine kleine derartige in Oberscheden bei Göttingen gefundene, im Altertumsmuseum letzterer Stadt aufbewahrte, als „antik" angesehene Flasche dieses Beiwort nicht verdient, brauche ich (wenngleich antike Technik sie unzweifelhaft hätte herstellen können) kaum hervorzuheben.

In dem Recueil des planches sur les sciences des arts liberaux et mechaniques avec leurs explications, Paris 1767, wird auch eine für das Auffangen spezifisch schwerer Öle bestimmte Flasche (Fig. 91, 92) erwähnt und abgebildet, bei der das ebenfalls S-förmig gebildete Ablaufrohr für das Wasser oben angebracht ist. Solcher Vorrichtungen bedienen sich die mit, technisch nachgerade wohl kaum weiter zu verbessernden Geräten arbeitenden Firmen wie Schimmel & Co.

Wie die Florentiner Flasche mit den einfachsten Mitteln herzustellen ist, konnte die genannte Firma in ihren Berichten vom Oktober 1910 auf S. 64 zeigen. Diese fast beckenähnliche Vorrichtung wird im Travankore Gebiet in Vorder-Indien bei der Destillation des Lemongrasöls an Ort und Stelle verwandt.

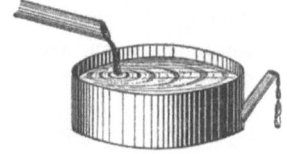

Abb. 58. Auffangegefäß nach dem Prinzip der Florentiner Flaschen.

Die Bulgaren blieben bei ihren altüberkommenen urwüchsigen Vorrichtungen und heben, vermutlich auch seit Urvaterzeit, noch das Rosenöl mit einem kleinen trichterförmigen, unten mit einem kleinen Ablaufloch versehenen, an einem Draht befestigten Gefäßchen in der Vorlage ab, um es in ein Sammelgefäß zu bringen. Vgl. die Abb. 59, S. 81.

Daß übrigens, in Sonderheit bei größeren, mehr fabrikmäßigen Arbeiten, wie sie hie und da (seit dem XVIII. Jahrh. vermutlich schon in Venedig und Florenz, dann in Südfrankreich, später in Deutschland, da wo Drogenanbau, z. B. bei Würzburg, im Harz, in Thüringen betrieben und, dort wo chemische Präparate hergestellt wurden) schon vorgenommen wurden, wie auch jetzt noch auf die einfachsten Geräte, auf große Töpfe, Ballons, Fässer zurückgegriffen wurde, wie sie eben vorhanden oder leicht und billig zu beschaffen waren, ist zu bemerken kaum nötig. Auch damals galt das Goethesche Wort: In der Beschränkung zeiget sich der Meister.

Was das Aufstellen oder Befestigen der Vorlagen, der unten gewölbten Kolben, Retorten usw. anbetrifft, so ist es natürlich, daß man aus der Praxis heraus, fast instinktiv analog den, den ersten Steinunterlagen nachgebildeten Dreifüßen oder den rundgestalteten Windöfen, auf die man, ohne die Gefahr des Umkippens die Geräte stellen konnte, ohne weiteres zweckmäßige Vorrichtungen erdachte. Kranzförmige Gebilde aus zusammengedrehten oder geflochtenen Stoffen gaben dem schwanken Gefäß nicht allein Halt, sondern sie schützten es auch vor dem Springen infolge von plötzlicher Abkühlung oder durch Aufstoßen auf die harte Unterlage. Kaum wird man von solch selbstverständlichen Gegenständen gesprochen haben, aber man sieht sie oft genug auf

Abbildungen (z. B. auf S. 53, Abb. 28) wiedergegeben. Unzweifelhaft steht die Vorlage auf einem Strohkranz, *Stramen tortum*, wie ihn schon Libav aufzählt, und wie er, mit Blei beschwert, auch benutzt wurde, um, über den Hals gestreift, Kolben u. dergl. am auftauchen zu verhindern. Hölzerne

Abb. 59. Destillation und Abscheidung des Rosenöls in Bulgarien.

Dreifüße, Destillierknechte (aus klassischen eisernen *Tripedes* oder *Tripodes* und alchemistischen *Sustentacula*, *Scamna* [neutr. Bank] vielleicht nach arabischen Vorbildern, *Alechil*, entstanden), in Niederdeutschland Stridden dienten demselben Zweck. Durch untergelegte

Klötze, Ziegelsteine u. dergl. wurden sie in passende Höhe gebracht, wenn man nicht Einrichtungen traf, ähnlich wie sie im klassischen Rom (nach dem Zeugnis von Pompejanischen Ausgrabungen) für hoch und niedrig zu stellende Lampen gebräuchlich waren. In einem röhrenförmig gestalteten Ständer bewegte sich der eigentliche Träger senkrecht auf und ab und wurde mittels eines, an der erwünschten Stelle durch vorgebohrte Löcher hindurchgesteckten Splint festgehalten. Auf ähnlichen Voraussetzungen beruht ein verstellbares, durch eine Schraube feststellbares Tischchen, wie es Kunckel 1689 in den Miscellanea curiosa zum Tragen der Retorta perforata bei der compendiosen Darstellung von *Aqua fortis* empfiehlt. Der direkt tragende „Abacus sursum ac deorsum urgeri et in convenienti mesura adacto claviculo detineri potest". Vgl. die Tischchen auf der Abb. 60 des Laborators der Kapuziner-Apotheke in Paris.

Auch der Jenenser Prof. der Medizin Johann Wolfgang Wedel hat sich mit solchen Geräten beschäftigt. In einer Schrift, Jena 1730, *De Remora* [von remorari zurückhalten, aufhalten, also das Hemmniß, der Aufenthalt] s. machina, qua corpora ad desideratum punctum et elevata vel demissa in eodem firmiter detinentur" zeigt er im Bilde und beschreibt eine Hängevorrichtung, ähnlich der uralten germanischen mit einer sägeähnlichen Zahnstange oder mit einer Schraubvorrichtung. Noch früher hatte u. a. Boerhave solche Geräte behandelt und auch in seinen „Elementa chemiae" (Tab. XII, Fig. III) abgebildet.

In dem schon angeführten Recueil werden weiter Tischchen gezeigt, bestehend aus zwei rechteckigen, gleich großen Brettern. In dem den Boden bildenden sind nächst der Mitte der beiden Schmalseiten zwei senkrechte Schraubspindeln befestigt, die zwei Muttern tragen. Durch das gleichmäßige Drehen beider kann das lose auf ihnen liegende, für die Aufnahme der Schrauben durchbohrte Tragbrett auf und nieder bewegt werden. (Vgl. auch das Sustentaculum Weigels auf S. 86.) Es ist eine Vorrichtung, die einer Pflanzenpresse gleicht, bei der das obere lose Brett auf die Schrauben gelegt wird.

Wollte man den Retortenhals aus irgend einem Grunde verlängern, vielleicht auch, um ihn in den zu engen Hals der Vorlage einschieben zu können, dünner gestalten, ihm einen geringern Durchmesser geben, so half man sich einfach in der Art, daß man ihn in den entsprechend gestalteten zu solchen Zwecken aufbewahrten Hals einer andern, zerschlagenen Retorte steckte und auf diese Art ein Collum productius vitreum, einen Vorstoß, eine Allonge bildete. Das machte sich in erster Reihe bei irdenen Retorten nötig. Später wurden solche Hilfsmittel aus Glas, Ton und für die feststehenden Metalldestillierapparate, möglichst zweckmäßig geformt, aus Zinn hergestellt.

Welchen Umfang Destillationen in den täglichen Arbeiten des Apothekers einnahmen, in dessen Arbeitsstätte noch bis in die erste Hälfte des XIX. Jahrh. ja im Grunde Alles sich abspielte, was auf Pharmazie und

Chemie Bezug hatte, zeigt ein Blick in das Laboratorium der Apotheke des Kapuziner-Klosters in Paris[1]). Man wird wenig von dem vermissen, was ich von Geräten aufführen konnte. Wie viel üppiger es aus-

Abb. 60.

gestaltet war als das nicht viel frühere der Utrechter Universität, zeigt dessen Abbildung, das nur zwei Destilliergeräte aufweist, die zu

---

[1]) Ich verdanke die Abbildung der besonderen Liebenswürdigkeit des um die Geschichte, nicht nur der Pharmazie hochverdienten Herrn Burghard Reber in Genf.
[2]) Vgl. Jorissen, Het chemisch Laboratorium Leiden. Leiden 1909.

Lehr- und Versuchszwecken kaum geeignet erscheinen und zwei Öfen (einen „Athanor" mit Füllschacht), auf denen wohl aus Glasretorten destilliert werden konnte. Daß welche vorhanden sind, ist nicht zu sehen. Nicht viel reichhaltiger war das der Universität Altdorf ausgestattet.

Libav sagt von den Kühlvorrichtungen: Canales refrigeratorii serpentini, quorum dispositio (in spiritu vini destillando) artificiosa et varia. Aber tatsächlich bewegte sich ihre Eigenart nur, je nach den augenblicklich vorhandenen Räumlichkeiten, in oft ganz willkürlichen Anschauungen u. dgl. vorgenommenen Abänderungen der weiteren Beschreibung: ab operculo (der Destillierblase) sursum tendit canalis (er geht nach oben), inde revocatur in anfractus angulosos (ihm werden dann verschiedene Krümmungen aufgezwungen) committiturque vesicae aeneae, exeunt canales per dolia seu cupas in receptaculum (es folgt eine Ausbuchtung, ein Becken, schließlich geht das Rohr durch weitere Kühlapparate in die Vorlage). Deren Eigenart, die darauf abzielt, mit möglichst geringem Kostenaufwand und ebenso geringem Verlust die größtmöglichste, reinste Ausbeute an dem erstrebten Körper zu gewinnen, im einzelnen zu beschreiben, erforderte eine lange eigene Abhandlung, die des allgemein Interessanten zu wenig böte. Vgl. auch oben S. 60 u. 72.

Ich konnte schon einen, den Dariotschen Kühlapparat schildern, der das Wesentliche des späteren, sog. Liebigschen zeigt. Er, der jedenfalls die Laboratoriumspraxis völlig beherrscht, erfordert ein weiteres kurzes Eingehen auf seine geschichtliche Entwicklung. Es war der Greifswalder Universitätslehrer Chrn. Ehrenfried Weigel, der, wie ich schon in meiner „Geschichte der Pharmazie" angab, in seiner Dissertation „Observationes chemicae et mineralogicae" (Göttingen 1771) und zwar in der „Observatio I, Destillatio spiritus vini" eine Vorrichtung beschrieb, bestehend aus zwei verschieden starken übereinander gestülpten und unten durch ein ringförmig geschnittenes angelötetes Blechstück verschlossenen Weißblechröhren. Hier hat er ein Trichterrohr angelötet, dessen Ende höher stehen muß als das Oberende des geneigt aufgestellten Gerätes, aus dem das warm gewordene, aus einer Wasserleitung oder einem Behälter einströmende Kühlwasser ohne weiteres neben der beiderseits aus der äußeren hervorragenden inneren, zugleich der Ablaufröhre des Destilliergerätes herausläuft. Diese Vorrichtung mit dem angreifbaren, nur für indifferente Flüssigkeiten brauchbaren fest verbundenen, schlecht mit dem Destillierapparat zu verbindenden Ablaufröhren ist im Grunde eine Verschlechterung des Dariotschen Kühlers. Erst in der Pars secunda jener Observationes, Gryphiae 1773, bringt Weigel sie auf Dariots Höhe dadurch, daß er empfiehlt, eine gläserne Röhre, übrigens durch Eingipsen in der äußeren, weißblechernen zu befestigen. Sie ist die eigentliche Kühlröhre, die selbstredend die Destillation auch von sauren Flüssigkeiten gestattet. Nicht viel später, 1794, vervollkommnete Göttling den Kühler durch Anbringen einer Ablaufröhre und Liebig 1843 durch einfache

Dichtung mittels Korken (seinen ersten Apparat aus dem Münchener Museum zeigt die Abbildung), und an ihre Stelle trat später eine noch bessere Dichtung mit Kautschukstopfen oder Röhren[1]).

Weigel bediente sich übrigens auch eines Sustentaculums, eines den Kühler gabelförmig umfassenden, durch Schrauben aneinander zu pressenden, auf- und abwärts zu bewegenden Halters, wie er, kaum geändert, auch jetzt noch seine Dienste tut[2]), nachdem ihm, wie es scheint, Gay-Lussac noch dadurch, daß er die Gabel rechtwinkelig auf einen senkrechten Träger schob und sie um ihre Längsachse drehbar einrichtete, eine weitere Verbesserung gab.

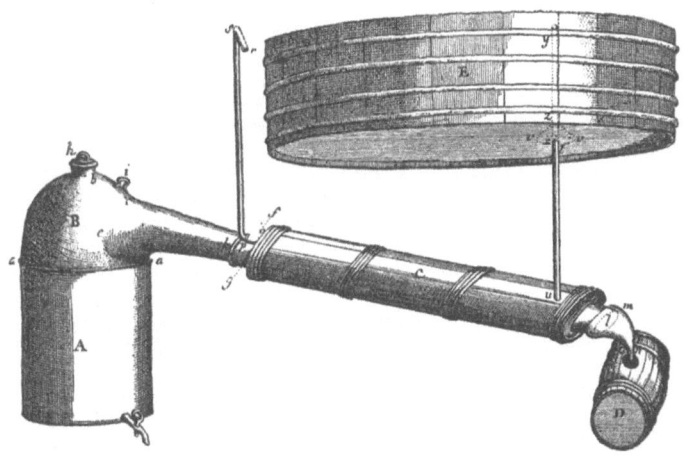

Abb. 61. Des jüngeren Gadolin Kühler.

Zur Destillation von Branntwein im Großen wurde ein Apparat nach Weigels (oder Dariots) Prinzip um des ersteren Zeit in Frankreich unzweifelhaft schon in Anwendung gezogen. Die betr. Veröffentlichung „Nouvelle Construction d'Alambic pour faire toute sorte de destillation en grand 1781" sagt, daß „la première idée de la machine remonte à l'année, 1770" und wie eine handschriftliche Bemerkung auf dem Titelblatt des der Casseler Landesbibliothek gehörigen Exemplars sagt, ist Joao Hyacinthe de Magelhaens, gewöhnlich Magellan, wie ich in meinem Aufsatz (Zeitschr. f. angewandte Chemie 1910, 1978 ff.) zeigte, der Verfasser der Schrift, die dem Landgrafen geschickt worden war, „qu'on en repande la connaissance dans les états de Hessen-Cassel". Magellan

---

[1]) Vgl. meine Arbeit in der Cöthener Chem. Ztg. darüber. Die Redaktion lieh freundlichst die Abbildungen.
[2]) Vgl. Max Speter, Geschichte der Erfindung des Liebigschen Kühlapparates. Cöthener Chem. Ztg. 1908, No. 1.

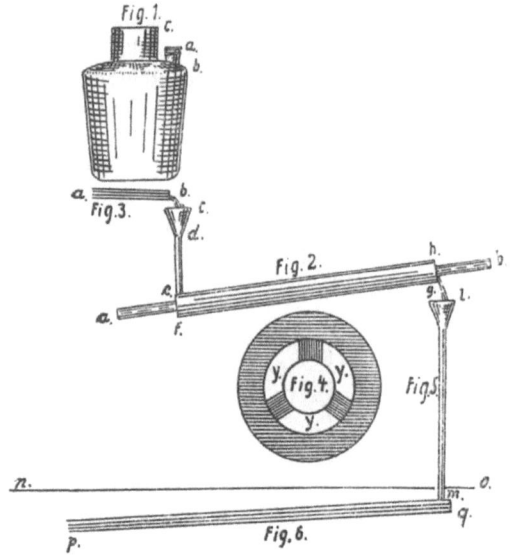

Abb. 62. Weigels Kühler.

Abb. 63. Von Liebig selbst dargestellter Kühler.

mag immerhin die Idee zu seinem Gerät etwa in Cognac-Brennereien aufgestellten größeren, nach Dariots Angaben gebauten, entnommen haben. Die wesentlichen Verbesserungen an dem von ihm durch vortreffliche Zeichnungen erklärten kann man ihm wohl kaum absprechen. Das Gerät, das Lord Phipps auf einer Fregatte zum Destillieren von Seewasser mitgenommen und 1774 beschrieben hatte, stützt sich wohl auf Magellans Arbeit. Vergl. S. 88.

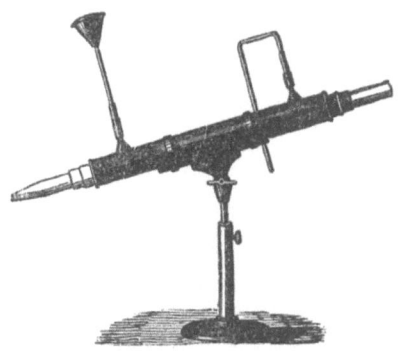

Abb. 64. Späterer etwas verbesserter Weigel-Göttlingscher Kühler.

Abb. 65. Lichterfeuerung nach Euonymus. (Vgl. S. 69 u. 92.)

Für die Zwecke des pharmazeutischen Laboratoriums[1], dessen Arbeiten täglich wechseln und in denselben uralten, einfachsten Geräten vorgenommen werden (im Gegensatz zu den Fabriken, die entweder überhaupt nur einen einzigen Gegenstand anfertigen oder verschiedene in, für je einen zweckmäßig ausgestaltetem Gerät) konstruierte als erster wohl der frühere Apotheker und spätere hervorragende Förderer der technischen Chemie Joh. Gottfr. Dingler in Augsburg, 1815 etwa, einen Apparat mit im Zickzack gehenden verhältnismäßig leicht zu reinigenden Kühlrohren[2], nach ihm Gädda einen, bestehend aus zwei konischen, ineinander passenden Gefäßen, die recht schlecht zu reinigen waren. Beindorff in Frankfurt a. M.

---

[1] Was Libav in seiner „Alchymistischen Practic" 1603 S. 131 über Beherzigung des späteren Goetheschen Wortes „In der Beschränkung zeiget sich der Meister" in den Laboratorien im Allgemeinen sagt, gilt ganz besonders auch jetzt noch für die der Apotheken:
„Man kann nicht an allen Orten allerley haben, muß sich ein Laborant mit mancherlei compendien behelfen, und darumb viel Formen erkennen lernen, sonst stehet die Kunst nicht in viele der Gläser, und könnte man mit einem geringen Zeug viel ausrichten.
Sonderlich ists ein behend Ding mit den öffen, wer dieser Form in genere und idealiter hat und sich um die Arbeit recht verstehet, kann nur ein einigen zu mancherley Nutz verwenden und leicht aus einer Form eine andere machen. Aber in großen beständigen Officinen muß man der Muster zu allerley chymischen Sachen mehr haben."
[2] Buchners Repertor. 1817, 3, S. 137 u. 6, S. 142. Trommsdorffs Journal 11, 241.

Abb. 66. Destillationsgerät nach Magellan.

Abb. 67. Kühler nach Dingler.

Abb. 68. Gerät nach Beindorff
schon mit Vorrichtung zum Destillieren mit Dampf.

ließ die Dämpfe erst in eine, mitten auseinander zu nehmende Kugel treten, aus der nach unten hin drei Ablaufröhren in eine nach einer Seite hin abfallende, auf der höheren verschraubte Röhre einmündeten. Diese Einrichtung gestattete eine verhältnismäßig leichte Reinigung. Ähnlich war sie bei einer von Kölle empfohlenen, der Kühlschlange und Dinglers Gerät nachgebildeten Vorrichtung. Untereinander waren Röhren so angeordnet, daß sie im Zickzack von oben nach unten das Kühlfaß durchquerten. Sie trugen an ihren Enden Verschraubungen, mit Hilfe deren sie außerhalb durch passende U-förmige Zwischenstücke verbunden werden konnten. Am besten scheint für die angedeuteten wechselnden Arbeiten Mitscherlichs Verbesserung des Gäddaschen Kühlers[1]). In ein äußerstes im Kühlfaß befestigtes, oberseits mit Zufluß-, unterseits mit Abflußrohr versehenes, umgekehrt kegelförmiges Gefäß paßt je mit etwa 1 cm Abstand ein entsprechend kleineres, das lediglich durch den Druck des eigenen und des eingeleiteten, oben abfließenden Wassers auf die eingeschliffenen Dichtungsflächen mit dem äußeren Gefäß dampfdicht verbunden wird. Es ist dieses Gefäß leicht herauszunehmen, die kühlenden Flächen können bequem mechanisch gereinigt werden und längeres Durchleiten von Dampf beseitigt nach eigener langjähriger Erfahrung alle von der vorangegangenen Destillation etwa noch zurückgebliebenen riechenden Teile.

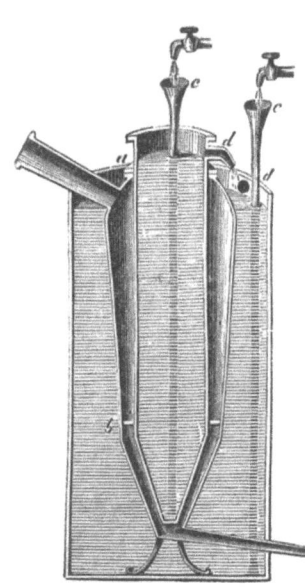

Abb. 69.
Mitscherlichs Kühler.

Ignis elambit, exhaurit resolutum sucum, transfert in vas superius ex inferiore, inde alembicus ex caudata nasutaque figura = penula [in diesem Falle das Diminutiv von penis]. Dieser übrigens schon bei Rhazes zu findende Ausspruch Libavs zeigt, welche Rolle man dem alles bezwingenden (wie Plinius sagt) Feuer beimaß.

Sehr verschieden war die Art, wie man das für die Destillation nötige Feuer, die nötigen Wärmegrade erzeugte[2]). Bei manchen Arbeiten, bei denen es tatsächlich, in aller erster Reihe wenigstens, auf das „Herauslecken" oder „-saugen", auf das Ausziehen von Arzneistoffen nach einem voraufgehenden putrefacere, digerere, circulare ankam, bediente man sich, da man die gewöhnlichen Wärmequellen nur wenig zu regeln imstande war, noch bis in den Anfang des XIX. Jahrh. der wunderlichsten Mittel.

---

[1]) Vgl. die Abb. 67—69.
[2]) Vgl. oben S. 61.

So brauchte man nach unsern jetzigen Anschauungen tatsächlich nur für Digestionszwecke, um ein „*Ignis sapientium*, eine feuchte, gelinde Wärme" zu erzielen, wie sie der tierische Organismus beim Verdauungsprozeß entwickelt, des Pferdedüngers, des *Fimus* oder *Venter equinus*. In flachen Kästen oder im Keller wurde er wie in den Frühbeeten, gelegentlich, um die Hitze noch zu steigern, mit gelöschtem Kalk ausgebreitet, und dahinein wurden die mehr oder weniger fest verschlossenen Gefäße gestellt. Hierher gehört auch die *Destillatio per formicas*. Mitten in den kribbelnden, Wärme erzeugenden Ameisenhaufen wurde das betreffende Gerät gesetzt. Auch jetzt noch „digeriert" nicht, sondern „destilliert" das Volk seine weinigen und andern Auszüge, wie schon gesagt wurde — in des Wortes tatsächlicher Bedeutung.

Ähnlich brauchte man wohl gärenden Brotteig, ja man umgab auch wohl das Gefäß mit Teig und setzte es dann zum Backen in den Backofen, den man auch sonst nach dem Backprozeß zum „destillieren" brauchte, man destillierte *per panem*. Zum gleichen Zweck benutzte man natürlich auch die verschiedenen Bäder, ganz so wie man das ja auch jetzt noch da tut, wo nicht der Großbetrieb, aufs vollkommenste eingerichtet, stets auf einen bestimmten Wärmegrad erhitzte Räume zur Verfügung hat. Libav behandelt das Feuer in einem großen Artikel Pyronomia, „die öfters vor Chymia gebraucht wird".

Abb. 70.
Destillario per fimum nach Euonymus.

Biringucci benennt sein hervorragendes Lehrbuch [sehr charakteristisch für seine hohe Einschätzung] geradezu Pirotecnica (delle minere e metalli), und gelegentlich wird zu weiterer Kennzeichnung das Beiwort Hermetica beigesetzt. Im XVIII. Jahrh. unterschied man summarisch Calor artificialis und naturalis und reihte die vielen einzelnen Wärmearten der Quellen sinngemäß unter.

Daß die Alten Lampen, wie sie solche ja in einer Menge von Gestalten besessen haben, auch als Wärmequelle brauchten, kann ich nicht belegen — aber daß der Zufall, wenn nicht Überlegung dazu geführt hat, auf ihnen das und jenes, also auch wohl Flüssigkeit in einem Glas- oder andern Gefäß zu erwärmen oder warm zu halten, scheint über allen Zweifel erhaben, wie wir oben hörten. Aus der Bezeichnung φῶτα in den Abbildungen 7 u. 8 aus dem Anfang unsrer Zeitrechnung darf man auf ihre Anwendung schließen. Auf S. 33 hörten wir, daß die Araber bestimmt Kerzen oder Lampen, *Quandil* oder *Masch'al* bei ihren Digestionen gebrauchten.

Abbildungen aus dem XV. Jahrh. belegen sie. Euonymus Philiater zeigt (vgl. Abb. 65) einen dreiarmigen Leuchter, mit dessen Lichtern er nach demselben Gedankengange, wie er oben (S. 69) ausgeführt ist „aus eltestem Wein die 4 Elemenṫ" (das erste, also am leichtesten siedende ist „scharpfes Wasser", das zweite noch „schärpfer", das dritte „süßlicht", das „beste, denn es ist das flüssige des Lufſts in", das vierte ist „ungeschmack", geschmacklos) „fractioniert", um mit dem dicken Element und Goldblättchen Aurum potabile zu machen (II f. 282). Weiter rühmt

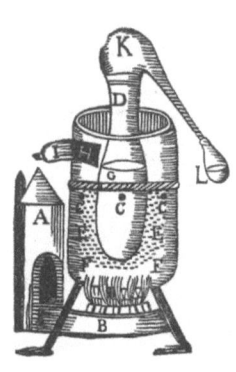

Abb. 71.
A. de Heidens Lampenofen.

Libav: Candelarum et ellychniorum [ἐλλύχνιον, was in der Lampe λύχνος ist, der Docht] ignis temperari potest ad libitum propius, remotius admovendo ėt numerum augendo minuendove. Est etiam diuturnior minusque eget curae. Inde Philosophi ignem vocant trium filorum, duorum aut unius ita institutum lychnuchum [λυχνοῦχος, mit Horn oder dergleichen umgebenes Licht, Laterne]. Im Jahre 1690 sehen wir bei A. de Heiden, in seinem „Neuen Licht vor die Apotheker" einen Destillationsapparat über einer vieldochtigen oder -flammigen Lampe (mit vielen „Tillen" [jetzt durchweg Tülle, vielleicht wie das französische douille, aus dem lat. ductile, kurze Röhre] mit einem höher stehenden Gefäß für Öl oder „Brandwein".

Bei der Einrichtung der Apotheke nahm Renodaeus auf ein Brett bedacht, auf dem die destillierten Wässer, zu destillierende Präparate und andre Sachen stehen sollten, damit sie dort von den Sonnenstrahlen getroffen würden. In diesem Falle sollte vermutlich auch das Sonnenlicht seine Einwirkung ausüben[1]). Lediglich auf die Sonnenwärme, den Calor naturalis, kam es jedenfalls den Arabern, Libav und seinen Nachfolgern an, wenn sie ihre Destilliergeräte in die Sonne stellten, und es geht diese Absicht noch klarer aus dem Umstande hervor, daß sie die Sonnenstrahlen entweder mit Hilfe von mit Wasser gefüllten (Schuster-) Kugeln aus Glas oder mittels Brennspiegeln, per parabolas, auf die betreffenden Chemikalien wirken ließen. Es war später wohl erst der regsame Joh. Heinr. Pott, der, und zwar in der Mitte des XVIII. Jahrh., „um kleine Mengen flüchtiger Flüssigkeiten aus minder flüchtigen wirklich zu destillieren und schwer anschießende Salze zum Kristallisieren zu bringen", Sonnenwärme ausnutzen wollte. Er setzte die Schale mit den betr. Flüssigkeiten auf einen porzelanenen Teller und stürzte eine genau schließende Glocke darüber. Die in der Sonne sich verflüchtigenden, ver-

---

[1]) Conrad Gesner (Euonymus) empfiehlt z. B. „Die Blumen der Spicken oder der Lavender solt Du eine kurze Zeit lang sonnen in einer großen gläsinen Retorte."

dunstenden Teile schlugen sich an der Glocke ab und rannen in den Teller hinunter.

Diese Vorrichtung verbesserte C. W. Gottl. Kastner, Prof. in Erlangen, 1819, dahin, daß er statt des Porzellantellers einen flachen, dicht auf eine Flasche passenden Trichter nahm, durch den das Destillat sofort in diese abfloß, daß er außerdem bei Stoffen, die das Sonnenlicht ungünstig beeinflußte, die Glocke grün bemalte, um mehr Hitze zu erzielen, die Schalen aus schwarzem Steingut herstellen ließ usw.[1])

Es ist selbstverständlich, daß es möglich wäre, die durch riesengroße Spiegel aufgefangenen und auf einen Punkt geleiteten Sonnenstrahlen wie für andre technische Zwecke so auch für Destillationen zu verwenden. Daß man dahin gehörende Versuche gemacht hat, ist mir nicht bekannt geworden.

Schon frühzeitig ist jedenfalls Rosenwasser dort, wo die „Königin der Blumen" besonders zahlreich und mit besonderem Wohlgeruch begabt wuchs, wie schon oben gesagt wurde, in großen Mengen destilliert worden, und es ist ohne weiteres anzunehmen, daß unter solchen Bedingungen, ganz so, wie es später in Europa bei der Branntweindestillation geschah, einmal größere Gefäße aus dauerhaftem Metall dargestellt und gebraucht wurden, daß man anderseits durch zweckmäßige Aufstellung kleinerer Ersparnisse an Feuerungsmaterial zu machen versuchte.

Abb. 72. Destillatio per parabolas nach Euonymus.

Der zum Athanor gewordene (Al)Tanur-Füllofen diente solchem Zwecke, die Anordnung der Destillierblasen, wie sie Eilhard Wiedemann in dem Kahlbaum-Gedächtniswerk aus der oben (S. 36) erwähnten Handschrift aus dem Anfange des XIII. Jahrh. von Al Gaubari hochverdienstlich veröffentlicht hat, ebenso. In ihr, ob nun die Gefäße übereinander oder, was mir eher anzunehmen erscheint, neben- oder hintereinander aufgereiht sind, sehen wir zugleich die ersten Galeerenöfen, wie wir sie, als bei der alten Art der Nordhäuser Vitriolöl-Fabrikation üblich, kennen. Ihre Anlage ergibt sich aus dem oben Gesagten und der Abbildung 41.

Rumford war der erste, der es für möglich hielt und versuchte, durch Einleiten von Dampf Flüssigkeiten zum Sieden zu bringen. 1810 brauchte Trommsdorff ihn in seiner Apotheke zu Kochzwecken, und Struve in Dresden folgte. Dem äußerst anschlägigen Altonaer Apotheker Heinrich Zeise aber erst verdankte der Dampf seine eigentliche Einführung als Koch- und Heizmittel in die Laboratorien der Apotheken und ganz allgemein in die Häuser. 1826 gab er eine „Praktische Anleitung zur vorteil-

---

[1]) Buchner, Repertor. 1819, 418,

haften und sicheren Benutzung der Wasserdämpfe von einfacher und mehrfacher Spannung zumeist zu pharmazeutischem Gebrauch" heraus, und damit begann, nachdem Dariots, immerhin als Vorläufer einer Destillation mit Wasserdampf anzusehende Arbeitsart längst vergessen war, in Wahrheit die Verwendung dieser Heizquelle ihren Siegeslauf auch auf dem Gebiete der Destillation, und mit ihr hörten die Klagen über Anbrennen, über empyreumahaltige Öle usw. auf. Nur Dampfdestillation kommt wenigstens bei Körpern, deren Siedepunkt niedriger liegt als der des gespannten Dampfes noch in Frage, und nur seiner bedienen sich die wohl den breitesten Raum einnehmenden Branntwein-Fabriken (von „Brennereien" kann wohl nicht mehr die Rede sein) in Geräten, die auf Grund von Beobachtungen in den musterhaft eingerichteten Fabriklaboratorien von Spezialtechnikern ausgestaltet wurden. Bis in die zweite

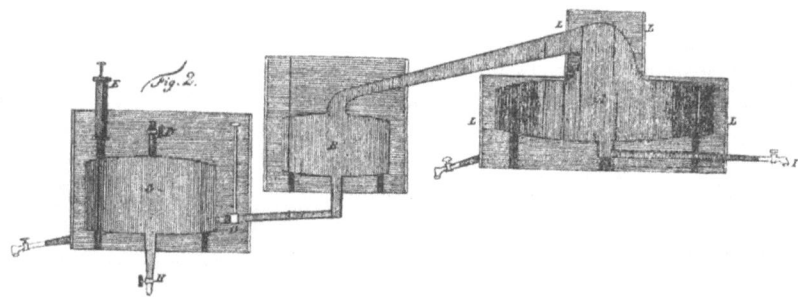

Abb. 73. Destillationsgerät mit Luftpumpe nach Tritton.

Hälfte des vorigen Jahrhunderts hinein herrschte allerdings der einfachste Apparat in den Brennereien (den Brûleries) der Destillateure (Liquoristes, Bouilleurs), wie sie z. B. Demachy im Bilde zeigt. Im Jahre 1818 (ein Jahr später empfiehlt Parmentier noch eine „Methode pratique de la Distillation de l'eau de vie", die sich auf einen altüberkommenen Apparat stützt) erst läßt sich ein Engländer Henry Tritton einen vervollkommneten Apparat für Branntweindestillation[1]) patentieren, der in erster Reihe die Unannehmlichkeit des Anbrennens der Maische am Boden der Blase verhüten sollte.

Das wollte Tritton erreichen durch Destillation aus dem Wasserbade, und eine größere Ausbeute sollte das Herstellen eines luftverdünnten Raumes in dem Gerät durch eine an der Vorlage angebrachte Luftpumpe[2]) zu Wege bringen (vgl. auch unten). Mit Luftver-

---

[1]) Annals of Philosophy, June 1819. Buchner Repertor. 1819, S. 99, Tafel I, Fig. 2.
[2]) Buchners Repertor. 6 (1819), Taf. 1. Die Zeichnung ist ohne Erklärung zu verstehen. Vor Tritton hatte schon ein Ingenieur Philipp Lebon 1796 ein Brevet auf Alkoholdestillation in luftverdünntem Raum genommen. Wie sein Gerät aussah, weiß ich nicht.

dünnung hoffte Tennant zu erreichen, in einem Apparat, den Buchner ebenda abbildet, mit einem Feuer zwei Destillationen im Gange zu halten. Die Dämpfe des ersten Apparats sollten durch eine zweite Blase gehen. Wenn deren Inhalt genügend erhitzt war, sollte die Ablaufröhre seines Helms stark gekühlt werden. Das sollte soviel Luftleere bewirken, daß in diesem Apparat eine Destillation erzielt werden konnte. Die Idee von Tennant führte wohl zu dem später auch von Hager empfohlenen Vacuum-Apparat. Im selben Jahre übrigens hatte schon der jedenfalls sehr tüchtige Apotheker Dr. Romershausen in Aken a. Elbe die Luftpumpe, oder wie er, von der entgegengesetzten Voraussetzung ausgehend, daß die der Pumpe nachströmende Luft als wirksam in erster Reihe in Betracht käme, sagte, die Luftpresse in das pharmazeutische

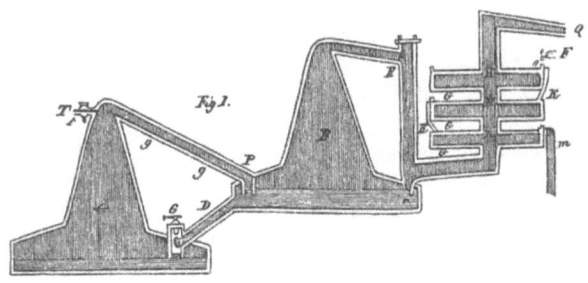

Abb. 74. Cortys Gerät.

Laboratorium eingeführt, und mit ihrer Hilfe destillierte er, „weil sie, selbst mit den schlechtesten Destillier-Apparaten verbunden, viel Zeit und Brennmaterial spart, indem sie zugleich den Ertrag erhöht und verbessert". Im Jahre 1822 empfahl er einen Weingeistdestillationsappart mit guter Helmkühlvorrichtung und Luftverdünnung, die allein durch die Verdichtung des Dampfes hervorgebracht[1]) werden sollte. Auch hier ist ein Maisch-Vorwärmer vorgesehen.

Gleichzeitig, im Jahre 1818 hatte Joseph Corty in Middleessex sich einen Apparat patentieren lassen, der meines Erachtens in der Anlage alles das enthält, was die unendlich vervollkommneten Riesenapparate als wesentlich an sich haben. Corty[2]) empfiehlt zwei ganz flachbodige Blasen mit kegelförmigem hohen Helm. Eine steht etwas höher als die andre. Sie ist durch ein Rohr mit ihr verbunden, sodaß die in ihr enthaltene,

---

[1]) In der Art, wie sie von dem oben genannten Tennant und ein Jahr früher von John Barry (Buchner Rep. 11, 316) für Abdampfungszwecke empfohlen worden und bis vor wenig Jahrzehnten noch bei manchen Vacuumapparaten angebracht war. Vgl. Buchner, Repertor. 13 (1822) Taf. 4.

[2]) Vgl. Buchner Repertor. 7 (1819), S. 616. Taf. 1. Fig. 1.

weil sie erst in zweiter Reihe vom Feuer bestrichen wird, vorgewärmte Maische in die direkt auf dem Feuer stehende erste Blase gelassen werden kann. Die Destillationsprodukte aus ihr treten unter die Maische in der zweiten Blase, die dort erzeugten gehen von der Höhe des Helms in einem senkrecht nach unten führenden Rohr abwärts, die verdichteten Teile fallen zurück in die Blase, die andern gehen seitwärts weiter und dann aufwärts in einem Rohr, das dreimal sich in Becken erweitert, die durch fließendes Wasser, die oberen zuerst, gekühlt werden. Was in diesem Kühlsystem verdichtet wird, rinnt auch in die zweite Blase zurück. Was gasförmig durchgeht, wird, auf dem weiteren Wege verdichtet, nachdem es noch eine Art Sicherheitsröhre oder einen Siphon durchstrichen, aufgefangen.

Einen Apparat, wie er nach einer patentierten Angabe von Edouard Adam in Rouen 1801 mit Verbesserungen von Blumenthal, Derosne u. a. in Frankreich zur Wein- (Cognac-) Destillation gebraucht wird, zeigt die ohne weiteres verständliche Abbildung aus Girardins Leçons de chimie élementaire, S. 354, Fig. 448, Paris 1861, in Stohmann-Kerl-Muspratts Chemie, Fig. 99, S. 498[1]).

Ähnlich gestaltet müssen selbstverständlich die Geräte sein, die zur Darstellung oder der „Rektifikation" (beide sind häufig, wie bei der Alkoholdestillation, miteinander verbunden) flüchtiger oder gar höchst flüchtiger Flüssigkeiten (Äther, Benzin u. dgl.) dienen. Dargestellt wurde jedenfalls von Lullus im XIII. Jahrhundert schon Äthylnitrit, und sicherlich hatte er auch einen alkoholhaltigen Äther unter den Händen. Nach der Sitte damaliger Zeit hat er jedenfalls in Zirkuliergefäßen tagelang seine *Aqua ardens* und Salpeter- und Schwefelsäure aufeinander einwirken lassen, und gleichermaßen verfuhr natürlich auch Valerius Cordus oder, richtiger wohl, sein Oheim, der Leipziger Apotheker Ralla, als er aus gleichen Teilen *Ol. vitrioli* und stärkstem *Spiritus Vini* den *Spiritus Vitrioli dulcis* aus einem Gefäß destillierte, das in seiner Gestalt an die genannten erinnert. An seinem helmartigen Kopf ist eine Nase angeschmolzen und[2]) eine Röhre vielleicht zum Nachfüllen.

Neu ist in den späteren Apparaten aus der zweiten Hälfte des XIX. Jahrhunderts nur die Hinzuziehung des Wasserdampfes als Heizquelle. Alles übrige bezieht sich auf Verbesserung inbezug auf die Lagerung der einzelnen Teile des Geräts, auf ihre weitere Ausgestaltung usw.,

---

[1]) An dieser Stelle möchte ich auf die wenig bekannte Tatsache hinweisen, daß Heinrich II. von England, als er 1171 erobernd in Irland einzog, dort schon die Gewohnheit des Trinkens, aus Gerste selbst destillierten Whiskys [aus dem keltischen uisgebeatha d. h. Wasser des Lebens] vorfand. Solche Kenntnis kann wohl, wenn sie nicht bodenständig war, nur aus unserm jetzigen, damals von Arabern bewohnten Spanien, wenn nicht gar aus dem Orient auf die ferne Insel gekommen sein.

[2]) Conr. Gesner in dem Sammelband „De artificiosis extractionibus" Argentor. 1561. Cap. De *Oleo e chalcanto*, uno *austero* (s. acido) altero *dulci*.

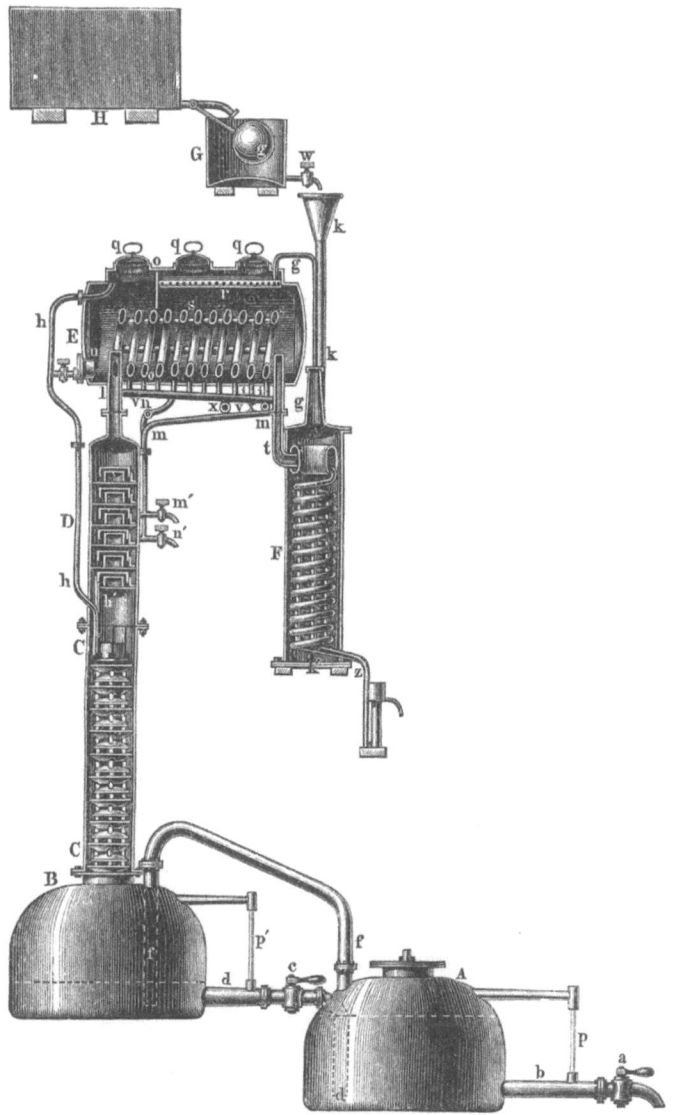

Abb. 75. Cognac-Destillationsgerät.

wie man aus der Abbildung ersehen kann. Sie zeigt einen Kartoffel-Spiritus-Apparat, der, zusammengedrängt, alle für die Destillation in Betracht kommenden Teile enthält. Ähnliche Vorgänge beobachten wir bei den

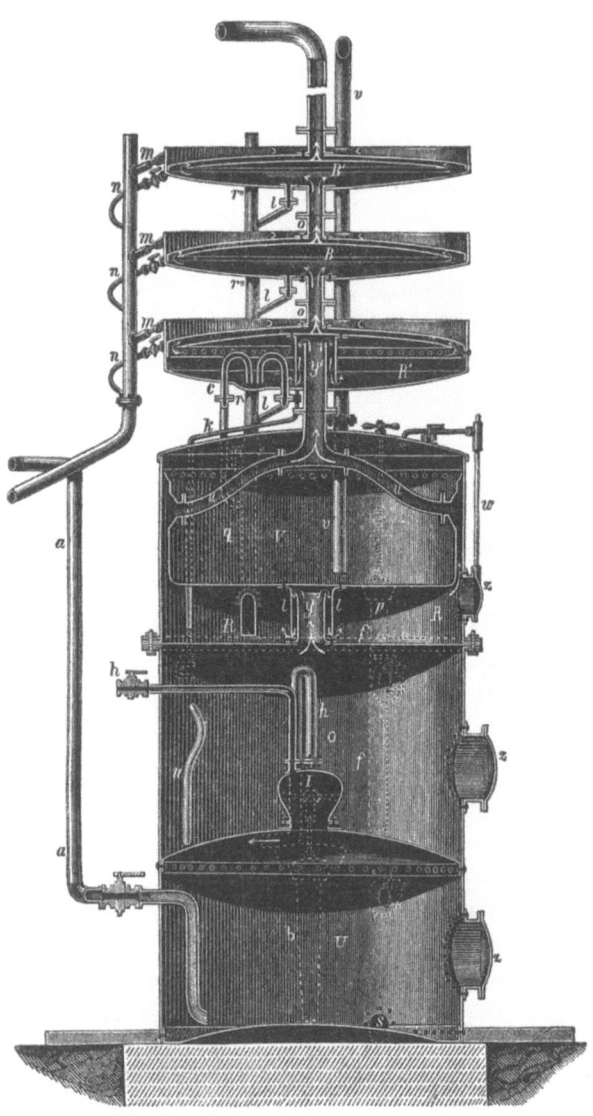

Abb. 76. Dampf-Destillationsgerät für Spiritus.

Geräten für die Destillation der ätherischen Öle, die wie die vorigen auf Grund von Sondererfahrungen in den, bezüglich ihrer Einrichtungen selbst den Hochschullaboratorien überlegenen Fabriklaboratorien aufs zweckmäßigste gestaltet wurden. Dingler-Beindorffs Apparate erhielten auf die einzelnen Öffnungen für Einsatzgefäße schwerere Deckel, die da gestatteten, ganz ebenso übrigens, wie es die von Lémery deutlich wiedergegebene Einrichtung ermöglichte (vgl. Abb. 54 Fig. *l*), daß in dem Wasserbade einiger Dampfdruck erzeugt werden konnte (vgl. die Abbildung 68 von einem solchen Apparat). Dampf wurde aus dem Wasser-,

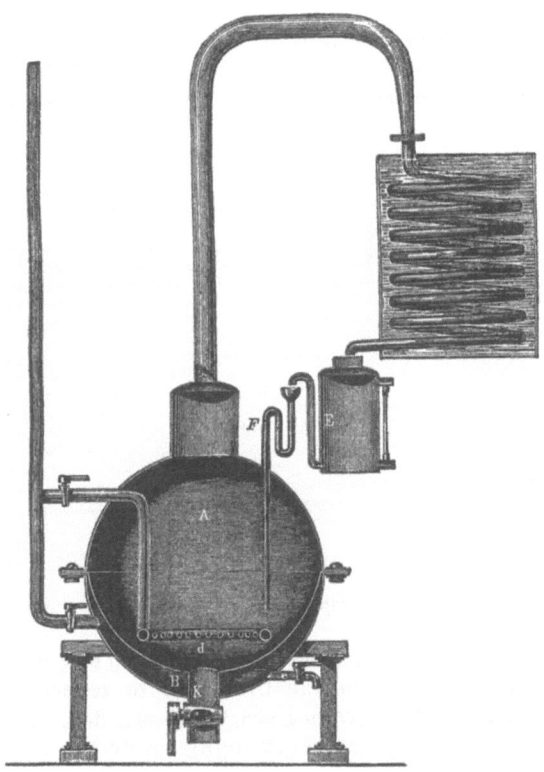

Abb. 77. Modernes Dampfdestillationsgerät für größeren Betrieb.

jetzt Dampfbade in eine hineingehängte Blase unter eine siebähnliche Scheidewand geleitet, auf der die Pflanzenstoffe gelagert waren, die durch hindurchgeleiteten Dampf ihrer Ruchbestandteile beraubt werden sollten. Das ist eine Einrichtung, wie sie, je nach dem etwas umgestaltet, die Dampfapparate der, für die Ölerzeugung früher in erster Reihe in Betracht kommenden Apotheken durchweg in den fünfziger Jahren schon zeigten. Die räumliche Trennung des Dampferzeugers und des eigentlichen Destilliergeräts

(Abb. 78) war der nächste Schritt, ein Gerät, wie es Abb. 77 zeigt, ein weiterer, der von technischen Erwägungen diktiert war. Was z. B. die Weltfirma Schimmel & Co. in Miltitz, die in ihrer Großzügigkeit und der wissenschaftlichen Ausgestaltung alles dessen, was das Gebiet der ätherischen Öle im weitesten Sinn des Worts betrifft, ihresgleichen sucht, in Anwendung zieht, ist doch auch nur „lange dagewesen", aber überdeckt von äußerst genialen Verbesserungen und ins Riesenhafte vergrößert.

Auf ein Arbeiten unter erhöhtem Druck liefen im Grunde die Digestionen in den vielfach abenteuerlich gestaltenen Zirkulier-Gefäßen und wie sie sonst genannt wurden, hinaus und auf Arbeiten bei hoher Temperatur. Die Erkenntnis, daß für viele Arbeiten, die da schließlich

Abb. 78. Dampfdestillationsgerät für größeren Apothekenbetrieb.

alle bezweckten, aus Stoffen der verschiedensten Arten eine feinere *Quinta Essentia* auszuziehen, sie in ihre Elemente zu zerlegen[1]), die Anwendung möglichst niedriger Wärme von Vorteil sei, daß, wie eben erst Lavoisier klargelegt hatte, Luftverdünnung das Kochen bei geringerer als gewöhnlicher Temperatur gestatte, führte, wie schon gesagt wurde, wohl zuerst Belon (vgl. S. 94) dazu, sie bei der Alkoholdestillation anzuwenden. Bei dem Apparat Trittons sahen wir, wie sie, eigentlich am einfachsten und am nächsten liegend, durch Abkühlung und Verdichtung der verdampften Flüssigkeit zu Wege gebracht wurde. John Barrys Apparat, der 1821 von Buchner, Bd. 11, S. 316, abgebildet und beschrieben wurde, zeigt alles das in verfeinerter, für Laborationszwecke berechneter Art, was für den 1812 von Howard in die Technik eingeführten Zucker-Vacuum-Verdampfapparat, wie für den später Hagerschen bezeichnend ist.

---

[1]) Vgl. z. B. Gesner-Euonymus Destillationsarbeit, das Separieren von Lémery usw.

Abb. 79. Rosenöl-Destillation. (Schimmel & Cº, Miltitz b. Leipzig.)

Abb. 80. Moderne Destillierapparate aus den Betrieben von Schimmel & Co.

Auf ganz ähnlichen Grundlagen beruhen die kleinen Digestions- und Extraktionsapparate, die zumeist zu analytischen Zwecken benutzt werden und als Menstruum, [ursprünglich die monatliche, durch Verflüssigen und Lösen bewirkte körperliche Reinigung, die immerhin auch eine Art Destillation war. Vgl. unten S. 120. Ernsting erklärt: Von Mensis, weil die Alten zu ihren Auflösungen gelinde Auflösesäfte genommen, welche daher lange in der Digestion stehen mußten, ehe und bevor solche Körper sich auflösen konnten, dazu denn wohl ein Mensis oder Monat Zeit erfordert wurde.], als Lösungsmittel, leicht siedende Flüssigkeiten, Alkohol,

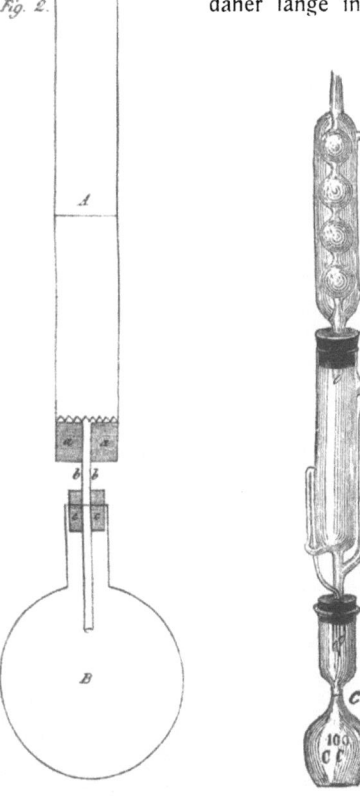
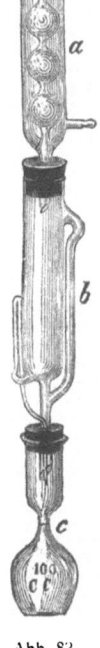
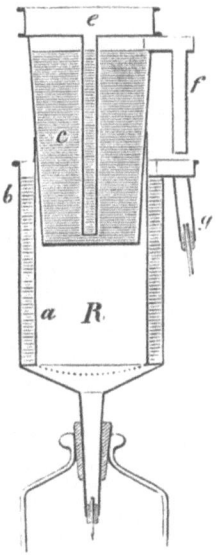

Abb. 81. Döbereiners Extraktionsgerät. Abb. 82. Soxhlet. Abb. 83. Mohrs erstes Extraktionsgerät.

Äther, Chloroform, Benzin und dgl. in Anwendung ziehen. Döbereiner war wohl der allererste, der in seinem Schriftchen „Zur mikrochemischen Experimentierkunst", Jena 1821, eine Vorrichtung, bestehend aus einem Kölbchen, auf dem ein sich nach obenhin erweiterndes Rohr befand, empfahl. In letzteres kam die zerkleinerte Droge oder dgl., in dem Kölbchen wurde das Lösungsmittel zum Sieden gebracht. Seine Dämpfe

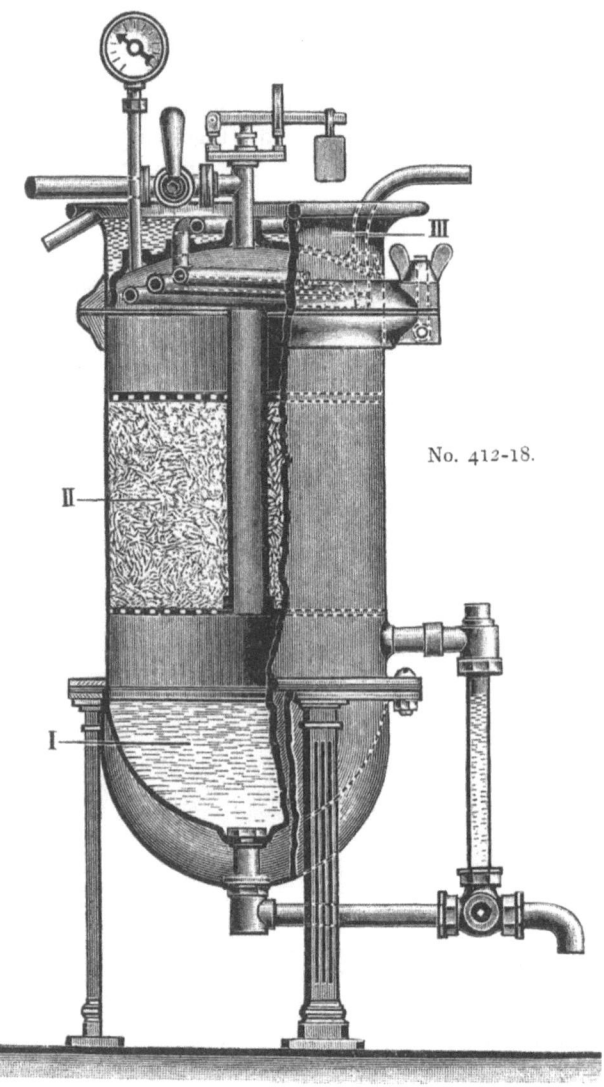

Abb. 84. Extraktionsgerät der Firma E. A. Lentz in Berlin.

durchweichten sie, verdichteten sich in einem, das weite Rohr verlängernden Rohr und fielen, wenn die Lampe fortgenommen wurde und durch die Verdichtung der Dämpfe des Lösungsmittels eine Luftverdünnung eingetreten war, dadurch heruntergesaugt, in das Kölbchen zurück usw.[1]. Diese Gerätchen fanden eine Unmenge Um- und Ausgestaltung und schließlich in dem „Soxhlet" ihre kaum zu übertreffende Verbesserung.

Für die Darstellung ätherischer Extrakte im pharmazeutischen Laboratorium gestaltete Hager das Döbereinersche Gerät 1862 entsprechend aus und ließ es aus Weißblech anfertigen. Für die moderne Arbeitsstätte der Großpharmazie oder der chemischen Fabriken (zur Extraktion der Knochen, der Galläpfel usw.) wurden Riesen erdacht und gebaut, die fortdauerndes (continuierliches) Ausziehen der betreffenden Gegenstände mit möglichst wenig Lösungsmittel, sein Wiedergewinnen durch Destillation und schließlich Abdampfen des Auszugs (im Vacuum) gestatten. Die Abb. 84 zeigt ein modernes, in wahrem Sinne des Worts, Zirkuliergerät, wie es die Firma E. A. Lentz in Berlin baut.

Romershausen scheint der erste gewesen zu sein, der die Luftpumpe für die Zwecke der Luftverdünnung heranzog. Sie, in moderner Zeit die bequem zu handhabende Bunsensche Wasserstrahl-Pumpe, wird mit dem eigentlichen Destilliergerät in einer Art in Verbindung gesetzt, die in allem Wesentlichen darauf beruht, daß der Abfluß luftdicht in eine meist kugelförmig gestaltete Vorlage führt, die nach unten mit einer dünneren Röhre luftdicht auf dem Aufnahmegefäß angebracht ist, während durch einen oberseits angebrachten Tubus das Rohr des Luftverdünnungsapparats eingeführt ist[2]. Auch diese Geräte wurden für die pharmazeutische und erst gar technische Großindustrie (Zuckerfabrikation z. B.) aufs beste ausgestaltet und ebenfalls in riesenhaften Abmessungen gebaut. Einen Laboratoriumsapparat mit aufgeschliffenem Glashelm zeigt die mir von der Firma Warmbrunn & Quilitz in Berlin freundlichst dargeliehene Abildung 86 S. 106.

Wird durch einen Tubus im Helm oder in der Blase ein Gas (Wasserstoff, Kohlensäure oder dgl.) eingeführt, so kann in dem sonst ebenso angeordneten Gerät die Destillation im Wasserstoff- und dgl. Strom, wie sie manche Präparate fordern, vorgenommen werden.

Wird das Auffangegefäß so sinnreich gestaltet, wie es z. B. Brühl (Ber. d. chem. Gesellsch. 1888, S. 3339) oder Raikow (Chem. Ztg. 1888, S. 693) getan, so ermöglicht es gleicher Zeit das Auffangen von Fraktionen[3]) unter solchen Vorsichtsmaßregeln. Vgl. Abb. 88[2]).

---

[1]) Ich nannte in meiner Geschichte d. Pharm. noch E. F. Anthon als ersten auf diesem Gebiete. Er leitete den überdestillierenden Weingeist seitwärts in eine Vorlage, aus der das Destillat wieder durch die bei der Abkühlung entstandene Luftleere zurückgesaugt wurde.
[2]) Die Abbildung 85 und einige weitere stellte mir die Firma E. Leybold Nachf. in Köln freundlichst zur Verfügung.
[3]) Vgl. oben S. 70.

— 106 —

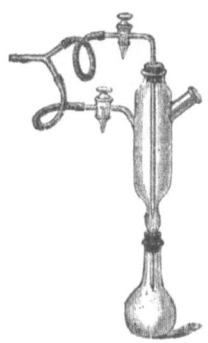

Abb. 85. Vorlage für Laboratoriumsdestillation unter vermindert. Druck.

Hier muß noch einer Art von Vorlagen gedacht werden, die einerseits gestatten sollen, daß das gasförmige Destillationsprodukt in möglichst großer Menge von einer „vorgelegten" Flüssigkeit aufgenommen (gelöst, absorbiert) wird, daß andrerseits durch das Durchstreichen der vorgelegten, nötigenfalls verschiedenen Flüssigkeiten verunreinigende Beimengungen zurückgehalten werden, um ein reines Produkt durch solches „Waschen" zu erhalten. Wie Icilio Guareschi in seiner schon erwähnten Storia della chimica und zwar in der Lebensbeschreibung von Angelo Saluzzo auf S. 467 ff. nachweisen konnte, hat dieser geistvolle Gelehrte im Jahre 1759 schon bei der Darstellung von Ammoniakgas Auffanggefäße

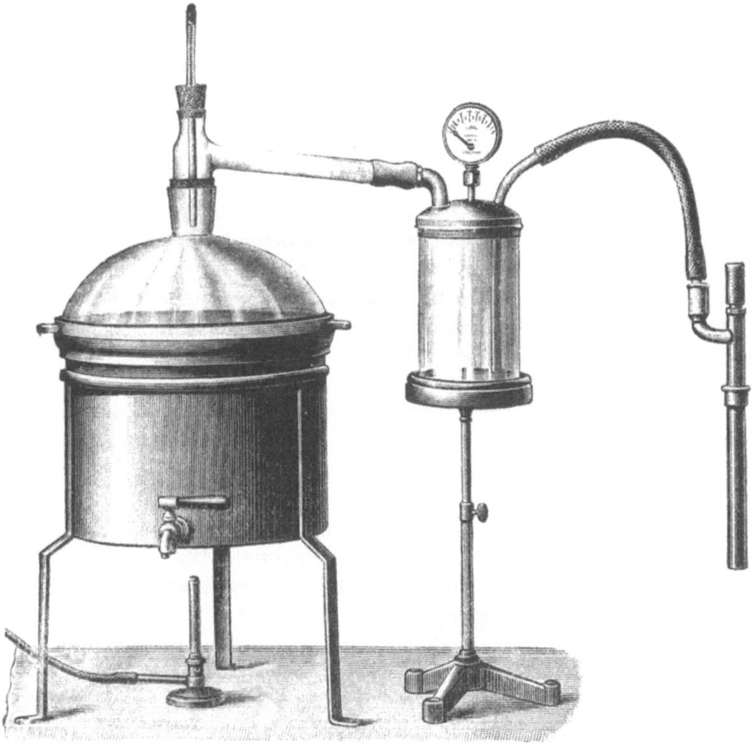

Abb. 86.
Gerät zum Destillieren im luftverdünnten Raum von Warmbrunn & Quilitz in Berlin.

mit 2 und 3 Tubuli angewandt (wie sie die Abb. 91 u. 92 zeigen), die den im Jahre 1767 erst von Woulfe gebrauchten und empfohlenen wesentlich überlegen sind und den in den letzten Jahrzehnten gebrauchten, von den Abb. 88 u. 89 wiedergegebenen, völlig ähneln.

Die Arbeit des Sublimierens (oder seltener des *exaltare*) stimmt im wesentlichen mit der des Destillierens überein. Lémery erklärt sie als „faire monter par le feu une matière volatile au haut de l'alembic ou au *chapiteau*". Daß er diese Erklärung aber bei der Vorschrift für die Sublimation des Zinns gibt, zeigt, daß er die Arbeit auf feste Körper beschränkt wissen will. Er läßt einen Teil Zinn und zwei Teile Salmiak in einer

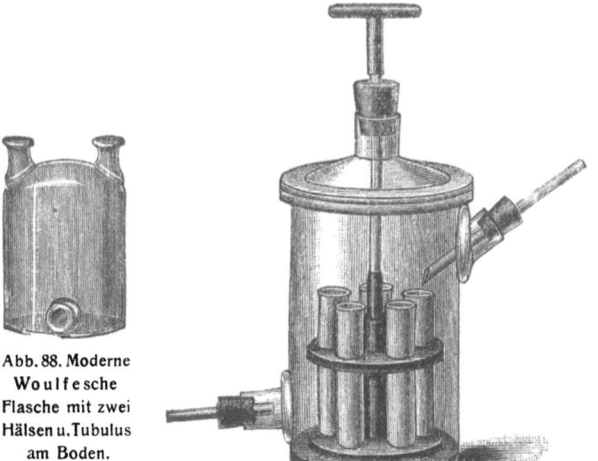

Abb. 88. Moderne Woulfesche Flasche mit zwei Hälsen u. Tubulus am Boden.

Abb. 89. Moderne Woulfesche Flasche mit drei Hälsen u. Tubulus am Boden.

Abb. 87. Vorlage für Destillation im luftverdünntem Raum und zum Auffangen einzelner Fraktionen nach Brühl.

Curcurbita mit aufgekittetem blinden Helm (*Chapiteau*) erhitzen, sodaß die „flüchtigen" Zinnblumen dort sich absetzen[1]). Auch Joh. Schröder betont, daß es sich um trockene Körper handelt: Rem *volatilem siccam* in sublimi elevare, ut seorsim haberi possint, und er setzt zu: Res illa elevata vel *Sublimati* nomine effertur vel *florum* nomen adsciscit = die, begreiflicher Weise nicht abgetröpfelten Ergebnisse der Arbeit nennt man (nach Westrumb, wenn sie „dicht sind") Sublimate oder Blüten [weil man in der Natur ausblühen, *eflorescieren* beobachtet hatte bei den blumenähnlichen Gebilden, die bei Frost an den Fenstern anschossen, beim *Alkali minerale*, das in der Nähe von Salzseen ausblühte usw.], *Flores*

---

[1]) Vgl. unten die Planche seconde Fig. *k* von Lémery. Abb. 102.

chymici (nach Westrumb, wenn sie locker sind). Die für solche Arbeiten nötigen Geräte unterschieden sich nur unwesentlich von denen, die zu Destillationszwecken gebraucht wurden. Da der Erstarrungspunkt der

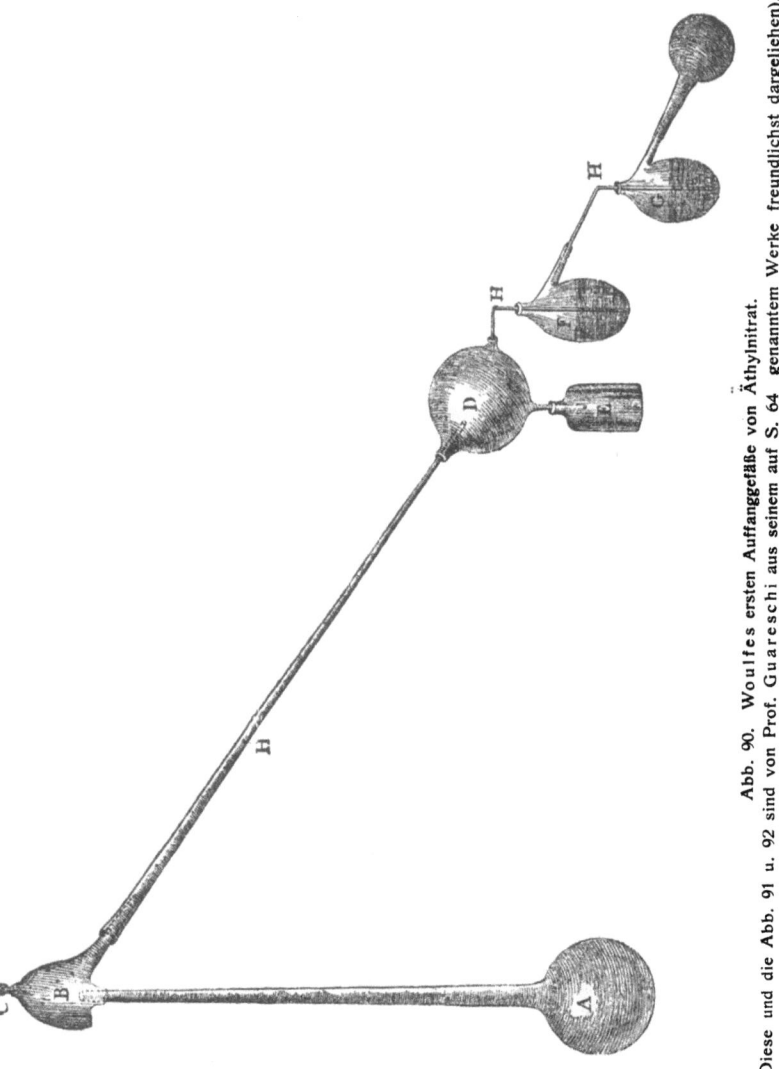

Abb. 90. Woulfes ersten Auffanggefäße von Äthylnitrat. (Diese und die Abb. 91 u. 92 sind von Prof. Guareschi aus seinem auf S. 64 genanntem Werke freundlichst dargeliehen).

Sublimate wesentlich höher liegt als der flüssiger Körper, brauchte man keine lang sich erstreckenden Abkühlungsvorrichtungen. Dicht über dem Gefäße mit dem zu verarbeitenden Gut konnte das Aufnahmegefäß sitzen

— 109 —

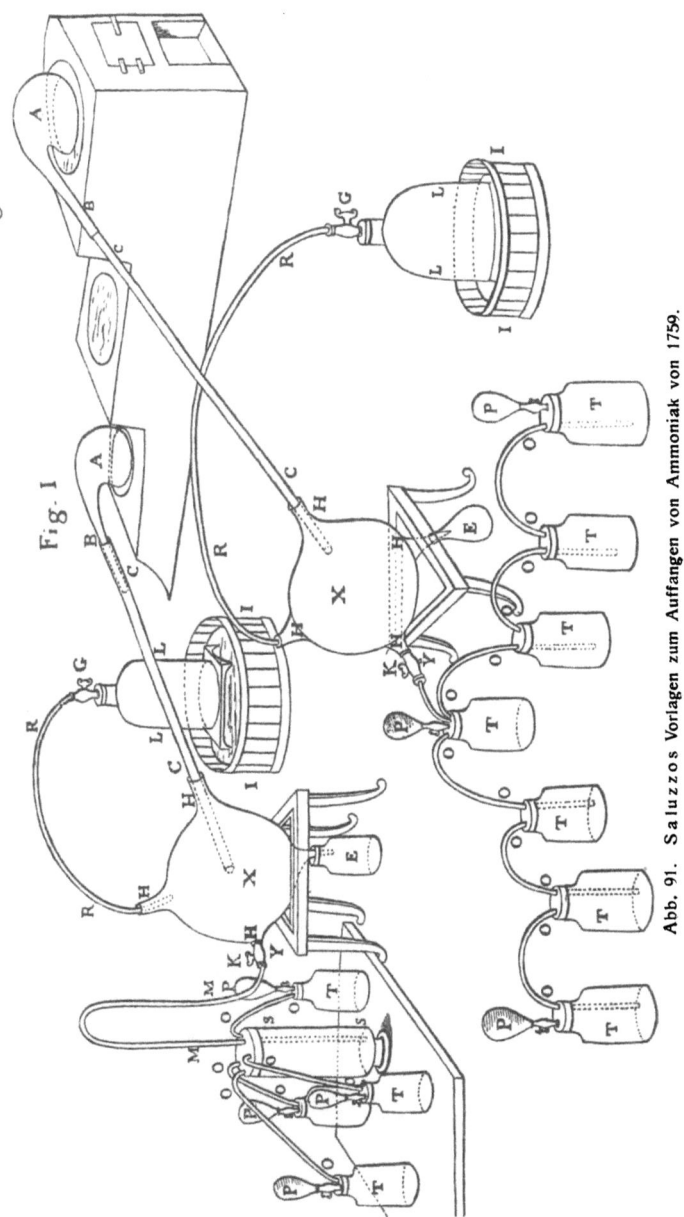

Abb. 91. Saluzzos Vorlagen zum Auffangen von Ammoniak von 1759.

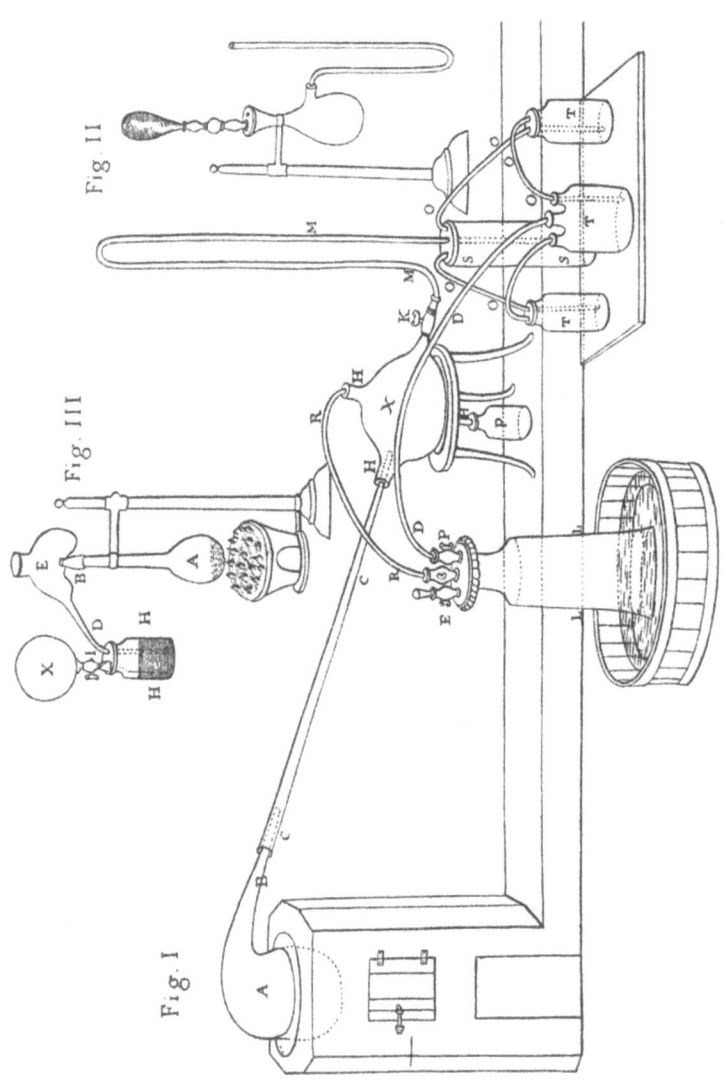

Abb. 92. Saluzzos verbesserte Vorlagen zum Auffangen von Ammoniak.

(wie es schon Dioskorides beschreibt. Vgl. auch S. 11), wenn man nicht, wie bei der *Destillatio per descensum* das eigentliche Arbeits- mit dem Aufnahme-Gefäß verband, oder wie bei der noch in England geübten Sublimation des Zinks oder der alten des Schwefels, ein Rohr durch den Boden nach unten in ein unter dem Feuer befindliches Aufnahmegefäß leitete, oder wie beim Quecksilber (bei dem man ja von „destillieren" sprechen darf) durch ein unten seitlich angebrachtes Rohr ablaufen ließ. Wie sich die Quecksilberdestillationsgeräte einerseits in den einfachsten Formen gehalten haben, wie die Quecksilberdämpfe in Peru, vermutlich nach altem Muster, durch Aludel-„Schnüre" (ineinandergetutete liegende Aludeln, vgl. unt. S. 115) gezwungen wurden, zeigt die Abb. 94, die andre, Abb. 95, wie in Idria große Auffangeräume (Kammern) aus Backstein-Mauerwerk angeordnet sind.

Abulkasis beschreibt für die Sublimation von Arsenik und andern Mineralpräparaten ein Gerät, das offenbar ganz dem oben schon erwähnten But eber But entspricht. Er sagt: „Nimm einen hohen Topf und eine Casserole aus Ton. In letztere mache ein Loch, so groß wie die Öffnung des Topfes und setze sie auf den Topf. Verklebe sie mit dem Tone der Weisheit. Dann setze beide auf einen kleinen Ofen, tue die Substanzen in den Topf, bedecke die Casserole mit einer glasierten Platte, die fest damit durch *Lutum* verbunden wird." Gebers Gerät ist jedenfalls als wesentliche Verbesserung anzusehen und vermutlich für eine größere, fast fabrikmäßige Arbeit bestimmt. Bei Geber ist ein Sublimiergefäß für *Marchasite* folgendermaßen beschrieben: Vas ferreum solidissimum, fundus ad similitudinem parapsidis [etwa in der Art einer Schüssel], separari et

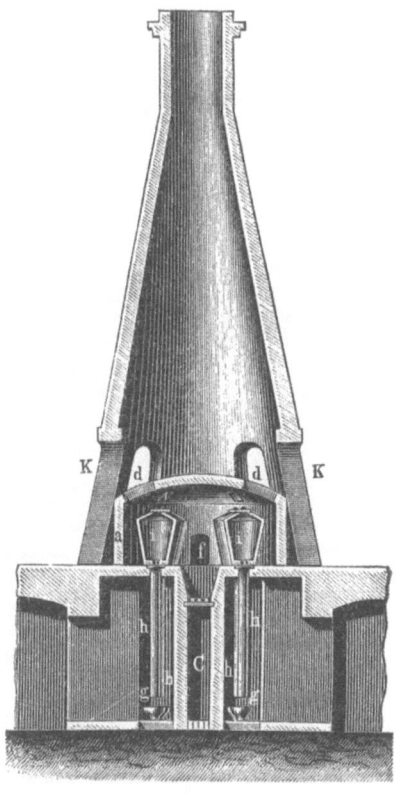

Abb. 93. Sublimation des Zinks.

Abb. 94. Ineinandergetutete Aludeln.

— 112 —

Abb. 95. Aus Mauerwerk hergestellte Quecksilber-Destillationsvorrichtung.

Abb. 96. Kunckels Arsenik-Sublimierofen.

conjungi possit, vitrificetur. Und auf dieses eiserne, glasierte Gefäß wurde erst, wie die Abbildung, die vielleicht nach einer Zeichnung in der Handschrift oder nach der Beschreibung angefertigt ist, eine zylindrische Erhöhung und schließlich noch ein Alembik als Auffanggefäß mit weiter

Abb. 97. Auffangeröhren für „Hüttenrauch".

Ablaufröhre, „cum lato nasu" gesetzt, aus welchem gasförmige Produkte entweichen konnten.

Im wesentlichen diesem Gerät nachgebildet ist das für Arseniksublimation empfohlene und von Kunckel[1]) abgebildete. D zeigt das einer Parapsis ähnliche Gefäß zur Aufnahme des zu sublimierenden Gutes. Darauf steht

---

[1]) Johannis Kunckelii, Ars vitraria experimentalis, Frankfurt und Leipzig, 1689, Abb. C auf S. 47, hier Abb. 96, S. 112.

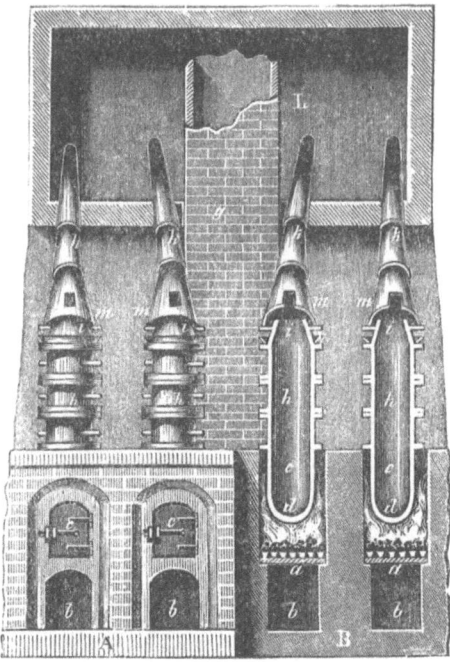

Abb. 98. Giftttürme.

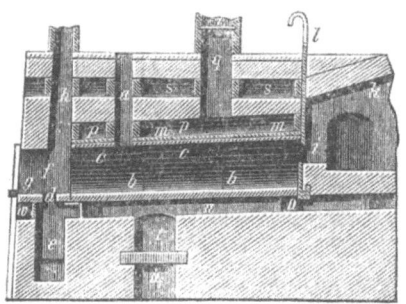

Fig. 99. Fast wagerechter Arsenik-Destillationsofen.

die zylindrische Verlängerung, durch die das Gut mittels einer Art Trichter geschüttet wird. Der Deckel schließt sie ab und nimmt das Sublimat auf.

In langen Vorlagen, wie sie die Abbildungen zeigen, aus Mauerwerk dargestellten Rohren ähnlich, fing Kunckel[1]) sein Giftmehl auf. Heutzutage führt man die Dämpfe zweckmäßiger in Räume, die in einem Gebäude, wie Stuben, neben- und übereinander angeordnet sind und schließlich in einem Schornstein nach außen führen[2]). Daß schon Geber Arsen, das zum mindesten in seinen Schwefelverbindungen, vermutlich aber auch (da man es schmolz, erhitzte usw.) in den Sauerstoffverbindungen dem Altertum bekannt war, zu sublimieren lehrte, daß es weiter im XV. Jahrh. jedenfalls schon als Hüttrauch bekannt und gefürchtet war, läßt vermuten, daß es sicher früher schon hüttenmäßig im Großen dargestellt und in Giftkanälen aufgefangen worden ist.[3])

Schon in ältesten Zeiten setzte man, wie Ausgrabungen auf altklassischem Boden ergeben haben,

---

[1]) Abb. 97 nach Kunckels Fig. B S. 45.
[2]) Die Abb. 98 zeigt senkrechte „Giftttürme", wie sie z. B. in Reichenstein und Andreasberg in Anwendung kommen (sie erinnern an die Geber-Kunckelschen Geräte), die Abb. 99 ein wagerecht gelagertes Sublimationsgerät. Die Dämpfe werden in Kammern geleitet, die, wie die Abb. 100 zeigt, angeordnet sind.
[3]) Vgl. in meiner Gesch. d. Pharm. auf S. 347 die Nürnberger Verordnung bez. der Überwachung des Giftverkaufs

Wasserleitungen in der Art zusammen, daß man konisch zulaufende Rohre, gelegentlich in späterer Zeit geradezu flaschenförmige Gefäße, deren Boden fehlte, ineinander tutete. Selbst wenn sie solche Beispiele nicht kannten, lag es auf der Hand, daß die arabischen Alchemisten, um größere, längere Aufnahmeräume für ihre Arbeiten zu schaffen, anstatt eines *Al atal*, der anhanglosen Sublimations-Vorlage, deren eine ganze Anzahl, oben offen übereinander setzten oder, da das jedenfalls aus mancherlei Gründen zweckmäßiger war (sie lagen ohne weiteres sicher, man konnte ihre Reihe nach Belieben noch weiter verlängern), hintereinander legten. Solche Annahme zwingt geradezu zu der Annahme, daß Alonzo Saavedra Barba in Peru 1633 den Aludelofen nicht erfunden hat. Er hat ihn vermutlich nur so in Neu-Almaden eingeführt, wie er in dem spanisch-arabischen Almaden schon lange in Gebrauch gewesen war. Libav stellt tatsächlich ein Aludel-Sublimations-Gerät dar, ohne ihren Namen zu nennen, und er endigt die Reihe der übereinander gebauten Gefäße, die einem oben und unten offenen, anhangslosen Helm ähneln, in einem oben geschlossenen *Caput Arimaspinum* [Arimaspi waren ein Fabelvolk im äußersten Nordosten des Reichs, in Skythien] oder *Cyclopium*, das also einen „blinden" Schluß darstellte. Lémery bringt ein ähnliches Gefäß zur Anwendung, dessen Zwischenteile er schon Aludeln nennt. Die Figuren *t, u, x* auf Abb. S. 116 zeigen es. Vgl. auch die Abb. 94 S. 111.

Abb. 100. Auffangekammern für Arseniksäure.

Daß man in einfachster Art auch Benzoesäure sublimierte (Mohr und Hager empfahlen später dieselbe Art, die sie vermutlich in ihren Lehrstellen kennen gelernt hatten, in denen sie, wie Handwerksgebrauch, sich von einem Apothekenbesitzer auf den andern, häufig vom Vater auf den Sohn fortgepflanzt hatte) zeigt eine Abbildung bei Lémery. Als Auffangegefäß ist, übrigens auch wieder nach einer noch älteren Vorschrift bei Turquet de Mayerne und Libav, einfach über den Tiegel eine spitze Papiertute befestigt[1]). Von Zeit zu Zeit sollte sie durch eine andre ersetzt

---

[1]) Vgl. auf Abb. 101 g, h, ferner i, k, l ein Sublimationsgerät mit einem Chapiteau aveugle, einem blindgemachten Helm.

werden, um die später oder bei zu großer Hitze, von gleichzeitig aufsteigendem Öl gelbgefärbten Blüten, wie dort steht: die durch eine „Exaltation" gewonnenen „Sels volatiles", getrennt zu gewinnen. Wenn Lémery weiter sagt, die „Fleurs" hätten eine „acidité fort agréable", so denkt er dabei nicht an ihre Säureeigenschaften in späterm und modernem Sinn. Trotzdem

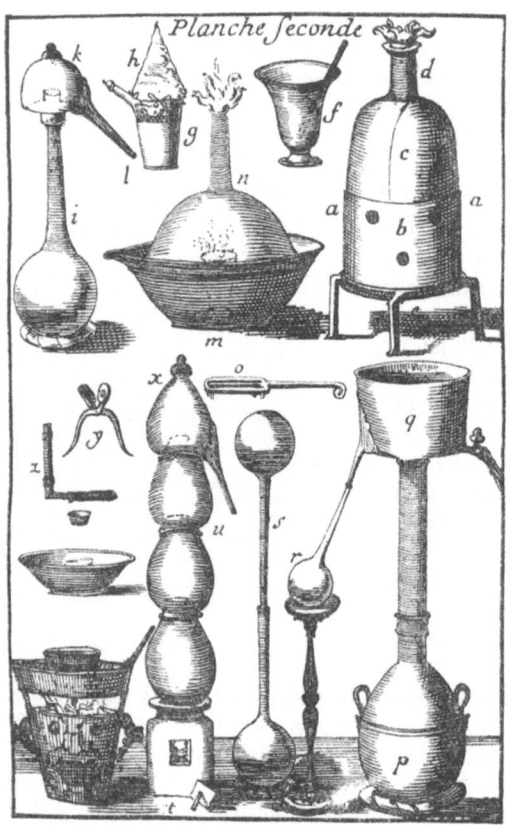

Abb. 101. Nach Lémery.

Tachenius zur gleichen Zeit schon auf die prinzipiell entgegengesetzten Bestandteile der Salze hingewiesen hatte, spricht erst Caspar Neumann von Acida, und erst nach Lavoisier fangen sie die ihnen gebührende Rolle zu spielen an.

Später band man über das untere Gefäß ein Stück Gaze, um rückfallende Benzoe-Blüten zurückzuhalten. Die moderne Technik ersetzte die Tuten durch große Holzkästen, hinter welche nötigenfalls eine Reihe weiterer, durch Rohre miteinander verbunden, gelegt wurden, nicht unwahrscheinlich nach dem Muster der Giftkanäle oder der noch älteren Salmiakauffangegefäße.

Von Spezialgeräten, die hierher gezählt werden müssen, sind die für die Darstellung des *Spiritus Sulfuris*, eines in der ersten Zeit recht schwachen und unreinen *Acid. sulfuricum* zu nennen. Von bei der Darstellung des *Oleum Vitrioli* [so genannt, weil es aus glasähnlichem *Vitriolum* bereitet wurde] gebrauchten galeerenförmig angelegten, zumeist Tonretorten und Vorlagen wurde schon gesprochen. Im Großen soll solche Destillation (nach Darmstädter) im Jahre 1792 von Joh. Dan. Stark, jedenfalls in Deutschland eingeführt worden sein. Im Jahre 1755 aber hatte schon Joh. Chr. Bernhardt über Schwefel- und Salpetersäuredarstellung im Großen geschrieben, und er stellte im selben Jahre durch Destillation stark dampfender Vitriolsäure ein weißes, flüchtiges, trocknes Salz, *Sal volatile olei Vitrioli*, wasserfreie Säure, dar. Zur selben Zeit mag rauchende Säure schon in Nordhausen destilliert worden sein. 1782 nennt sie jedenfalls Macquer (V, 477) als bekanntes, in Frankreich allerdings noch nicht dargestelltes Präparat. 1715 wird von dem Privileg eines „Laboranten" König[1]) in Magdeburg für Darstellung von Scheidewasser berichtet, und in Lille führte seine Fabrikation durch eine Witwe Tesca und später durch die Apotheker im Jahre 1750 zu Beschwerden seitens der Besitzer der benachbarten Grundstücke. Dementsprechend beschreibt auch Demachy in seinem „Laborant im Großen" Galeerenöfen, darunter vervollkommnete für immerwährenden Betrieb, und bildet sie ab. Vgl. Abbildung 41.

Schon Porta lehrt 1609 ein *Oleum sulphuris per campanam* bereiten, und zwar so, wie später Lémery[2]) es mit seiner „Maschine" für Esprit de Soulfre, und nach ihm viele andre (Schröder z. B. unter Spirit. Sulfuris Clossaei) zu tun empfahlen, wie es übrigens meines Wissens auch in der Technik viel später noch für Phosphorsäure in Anwendung kam und vielleicht noch kommt. Vgl. die Fig. *n*, *m* auf der Planche seconde aus seinem Cours de Chymie, Abb. 101.

Schwefel wird in einer Schale unter einer darübergestülpten, unten etwas abstehenden Glocke oder einem Trichter von wenig geringerem Durchmesser verbrannt. Die sich unter ihm ansammelnde Flüssigkeit entsprach unsrer Schwefelsäure natürlich nur in geringem Maße. Ein jedenfalls wesentlich besseres, stärkeres Präparat, ein Huile de Soulfre, erzielte er dadurch, daß er in großer bedeckter, teilweise mit Wasser gefüllter Schale in einer darin stehenden, das Wasser überragenden

---

[1]) Vgl. auch meine Gesch. d. Pharmacie S. 596.
[2]) Beiläufig sei gesagt, daß er angibt „Gutta una olei vitrioli (also der aus Vitriol destillierten Säure) quotidie vino albo mane assumpta, pingues homines demacrare facit". Es galt ihm also die mit Weißwein vermischte Säure als Entfettungsmittel.

Glocke je 4 Pfd. Schwefel und 4 Unzen Salpeter mit einem glühenden Hufeisen entzündete und diese Operation genügend oft wiederholte. Schröder nennt das auf diese Art gewonnene Präparat, den wahren Vorläufer der späteren englischen Schwefelsäure, *Spiritus campanarius* [campana, die Glocke] *facillimus S. Closs(aei).*

Unter Zugrundelegung dieser Arbeitsart gründete, jedenfalls in der Mitte des XVIII. Jahrhunderts, Ward unter Anleitung von Drebbel in Richmond eine Schwefelsäurefabrik, der später ähnliche in Holland, in

Abb. 102. Schwefelsäuregerät nach Demachys Laborant im Großen.

Rouen usw. folgten. Sie wollten den jedenfalls schon großen Bedarf, insonderheit der Indigofärber, decken. Demachy beschreibt die Methode, die der zweiten von Lémery fast gleich ist, nur läßt er einmal die Verbrennung in großen Glasballons vornehmen, in deren Tubus das Gemisch von Schwefel und Salpeter mit einem langen irdenen Löffel hineingelangt ward, dessen Ende so eingerichtet war, daß es ihn pfropfenähnlich schloß. Solche Ballons würden bis zu einem Oxhoft groß geblasen und zwar in der Art, daß der Glasbläser schließlich den Mund voll Wasser nähme und dieses in den noch kleinen Ballon hineinpustete, was zur Folge hätte, daß es, dampfförmig geworden, sich weit ausdehnte und die gewünschte Form erzeugte.

Dann gibt er noch eine verbesserte Methode an. Er stürzt mehrere solche Ballons mit ihren einmal nach außen erweiterten, einmal verlängerten etwas ausgezogenen Tuben wie Aludeln ineinander, und in dem ersten Ballon, der auf einem Herd erhitzt wird, nimmt er die Verbrennung vor. Die entweichenden Gase steigen in die etwas erhöht angeordneten weiteren Ballons und lösen sich in dem auch in ihnen befindlichen Wasser Abb. 102.

Von solcher doch recht kostspieligen und vergänglichen Einrichtung zu Gefäßen aus Blei, zu Houses, Zimmern[1]) aus diesem unzerbrechlichen, für damalige Säure unangreifbarem Material war nur ein Schritt. In ihnen sollten sich die Dünste, die bei der Verpuffung des Salpeters und des Schwefels entstanden, der *Clyssus Sulfuris*, zu einer Feuchtigkeit verdichten, wie Macquer das, Bd. I, 553 ff., darstellt.

Über das Wesen des *Clissus* [jedenfalls von τὸ κλίσσος, oder richtiger κνίσσος = ἡ κνίσσα, pinguedinis incensae fumus, vapor e cremata pinguedine. Auf Grund der uralten Beobachtung z. B. beim Brandopfer, daß Feuer nicht nur Fettstoffe in Rauch auflöste, daß das auch beim Destillieren geschehe, und weiter der alten Annahme einer Palingenesie, einer Resuscitatio, eines Wiedererstehens, einer Wiedererweckung alles Seienden aus den Bestandteilen, ein überlegt gewählter, soviel ich sehen kann, nirgends vorher erklärter Name] war man sich kaum einig, und die Ansichten änderten sich. Zu Macquers Zeit, im letzten Drittel des XVIII. Jahrhunderts dachte man sich unter ihm etwa dasselbe wie unter „*Quinta essentia*, d. i. die von allen unwirksamen geschiedenen, freigewordenen, wieder miteinander vereinigten wirksamen Teile eines Körpers, oder ein zusammgesetztes Sauer, gemeinlich die Feuchtigkeit, die durch die Verpuffung der Körper in geschlossenen Räumen hervorgebracht wird". Das erste deckt sich mit Libavs Erklärung: „Species composita ex ejusdem rei speciebus variis seorsim elaboratis. Quidquid in ea est essentiale ad unum redigitur compositum", sagt er weiter, während Porta ihn als „extractio subtilitatis omnium plantae partium, in unum esse coiens" ansah.

Dieselbe Anschauung tritt bei Poterius zutage mit seiner „Unio quaedam omnium virtutum cujuslibet plantae", während Roch le Baillif sich vermutlich gar nichts bei dem Worte denkt oder sein Wissen verheimlichen will: Vis occulta hinc inde vagans rediensque, ut virtus radicis primum in caulem deinde in radicem". Wie man sich dem Glauben an die Möglichkeit der Palingenesie [πάλιν, wieder, rückwärts, γεννᾶν, erzeugen, gebären], des Wiederentstehens der Körper aus ihrer Asche, hingab, so neigte man sich, im Grunde ganz richtig folgernd, dem Wachsen der Scheidekunst, des Vermögens, die Körper in ihre Bestandteile zu

---

[1]) Dossie in seinem „Neueröffneten Cabinet", S. 56, berichtet darüber, Schröder in seinem „Arzneischatz" zeichnet sie, Göttling im „Handbuch der theoretischen und praktischen Chemie" 1779 ebenfalls. Zeitweise, wohl bevor man sie mit Bleiplatten ausschlug, machte man die aus Holz gezimmerten Häuser mit Firniß-, Wachs-, Terpentin-, oder Pech-Überzug säuredicht.

trennen, entsprechend, der weiteren Anschauung zu, daß es möglich sein müsse, die Trennungsprodukte wieder zu dem früheren Körper zu vereinigen. Porta drückt diese Ansicht (in der Übersetzung von 1611, S. 161) so aus: „*Clissus* verhält sich also, wenn nämlich unterschiedliche Stück eines Gewächses in ihren Kräften werden exaltiert oder erhöht und endlich in ein gemein wesen gesamblet". Kaum hat man je einen Apparat nach der von ihm gegebenen Abbildung zusammengestellt, geschweige gebraucht, aber wie er als Grundlage des „englischen" Schwefelsäureverfahrens — in einem Kolben entstünden die Schwefel-, im zweiten die Stickstoff-Oxydationsprodukte, aus dem dritten träte Sauerstoff zu, um in dem Sammelgefäß sich zu Schwefelsäure zu verbinden — anzusehen ist, so ist der ganze Gedanke der Palingenesie und noch mehr des Clissus die Grundlage der erst im vorigen Jahrhundert praktisch betätigten und seitdem zu staunenswerter Höhe vervollkommneten Synthese.

Daß von vornherein solches Streben die Absicht der Alchemie oder der Spagirie, die von den Einen für gleichbedeutend mit ersterer oder als ein Teil von ihr angesehen wurde, war, sagt ihr Name, der, wohlüberlegt, aus σπᾶν, auseinanderziehen, und ἀγείρειν, zusammenziehen, gebildet ist. „Ihr Arbeit bestand", sagt Ernsting, „im solvieren und coagulieren; solve et coagula, dieses ist die Regel der Philosophen"[1]).

Abb. 103. Gerät nach Euonymus zur Vereinigung dreier Bestandteile.

Leonhardi beschreibt die Kammern (zuerst wurde jedenfalls nur stets eine in Anwendung genommen und erst später weitere damit verbunden) als prismatisch gestaltet, 6 Schuh hoch, 6 lang, 4 breit. Beiläufig gesagt, berichtet er weiter, daß „starke Walliser Bauerndirnen" bei der Fabrikation englischer Säure beschäftigt würden, die, obzwar sie nach dem Anzünden des Schwefelgemisches schnellstens fortliefen, doch nach wenig Jahren lungensüchtig zu werden pflegten, daß weiter englische Säure das Pfund noch $10^{1}/_{2}$ Kreuzer kostete. Die erste Bleikammerfabrik wurde in Preston-Pans (Schottland) von Roebuck 1746, die erste in Deutschland von Baron von Waitz in Ringkuhl (bei Gr. Almerode) 1818 angelegt[2]).

Abgedampft („abgeraucht") wurde die Säure dann in offenen irdenen oder gläsernen Gefäßen und zuletzt, „da sie aus der benachbarten Luft die Feuchtigkeit anzieht und dann sogleich auf der einen Seite in dem nämlichen Augenblick das wieder erhält, was sie auf der andern verliert", in guten gläsernen, von Säure nicht angreifbaren Retorten abdestilliert. Erst 1809 sollen (wohl in England) zuerst Platinagefäße an ihre Stelle getreten sein.

---

[1]) Vgl. hierzu auch das Synonym für *Menstruum* (vgl. S. 103) *Clavis mixtionis*.
[2]) Die schematisch gehaltene Abb. 104 erinnert lebhaft an das oben in Abb. 103 gezeigte Destillationsgerät von Porta für seinen Clissus.

In den Handel kam die Säure schon damals in Ballons mit aufgekittetem Tonstopfen, verpackt in mit Stroh ausgelegten und überflochtenen Weidenkörben.

Abb. 104. Schematische Darstellung einer Bleikammer-Schwefelsäurefabrik. In Sonderanlagen dargestellte schweflige Säure, niedrige Stickstoff-Oxydationsprodukte und Wasserdämpfe vereinigen sich in den Kammern zur Schwefelsäure.

Weil es sich um eine schwefel- und zu gleicher Zeit kohlenstoffhaltige Verbindung handelt, sei hier an einen Apparat erinnert, der, wieder an die Lehre von Clissus gemahnend, der Destillation von Schwefelkohlenstoff (den 1796 Lampadius entdeckte) dient. Der stehende Schacht ist mit Kohle gefüllt. Durch *a* (Abb. 105) wird Schwefel zugeführt und beides erhitzt. Durch *c* entweichen die erzeugten gasförmigen Stoffe. In *d* verdichtet sich der Schwefelkohlenstoff und fällt in die untergestellte, mit Wasser gefüllte Vorlage, während nicht verdichtete fremde gasige Stoffe, etwa mitgerissenen Schwefelkohlenstoff unten absetzend, durch das Röhrensystem und den mit Scheidewänden versehenen Turm entweichen.

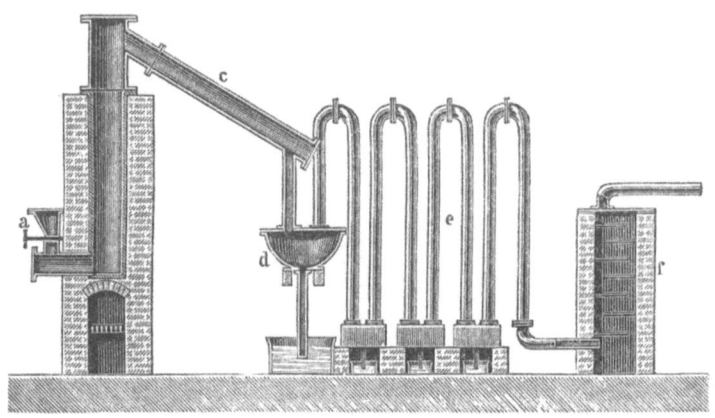

Abb. 105. Schwefelkohlenstoff-Destillationsgerät.

Die Abb. 106 zeigt ein Gerät, wie es der nochmals zu nennende Samuel Parkes im Anfang des vorigen Jahrhunderts, als zur Destillation von Phosphor gebraucht, abbildete. Es handelt sich um eine eiserne Retorte, aus der die Phosphordämpfe durch ein eisernes Rohr gleich unter Wasser in einem Vorlagegefäß geleitet werden. Versehentlich hat sich das Originalbild nach oben verschoben. Die Vorlage steht in gleicher Höhe mit dem Ofen.

Im Jahre 1640 soll die erste Verkokung von Steinkohle, vermutlich in der Art der Holzverkohlung vorgenommen worden sein. Nach Demachy wurde die Destillation der Steinkohle, deren Rückstand, unsern Coake oder Coke, er nicht besonders benennt[1]), sondern nur als Kaufmannsware

Abb. 106. Phosphor-Destillationsgerät nach Parkes.

---

[1]) Im Jahre 1530 ist der (in Hamburg noch, vor kurzem wenigstens, lediglich für den Stoff gebrauchte) Name Cinder für „coal from which the gaseous volatile constituents have been burnt", damit die Verkokung von Steinkohle bezeugt. 1669 kommt der Name Coke für burnt Pit- oder Seacoal vor, und 1674 „it is now a word of general use" — in Frankreich und Deutschland aber zu Demachys Zeit offenbar noch nicht.

bezeichnet, (er stützt sich übrigens auf Pfeiffer „Entdecktes allgemein brauchbares Verbesserungsmittel der Steinkohlen und des Torfs" Mannheim 1777), in gemauerten, unten gepflasterten, oben gewölbten, 24 Schuh langen, 6 Schuh breiten und hohen Räumen vorgenommen, die zu je zweien umgeben waren von entsprechend größeren Umfassungsmauern. Die innern und die äußern hatten zum Beschicken mit Kohle oder Torf entsprechende Löcher, die danach fest vermauert wurden, die äußern weiter Feuerlöcher und Rauchfänge. Die Sohle der innern neigte sich nach der

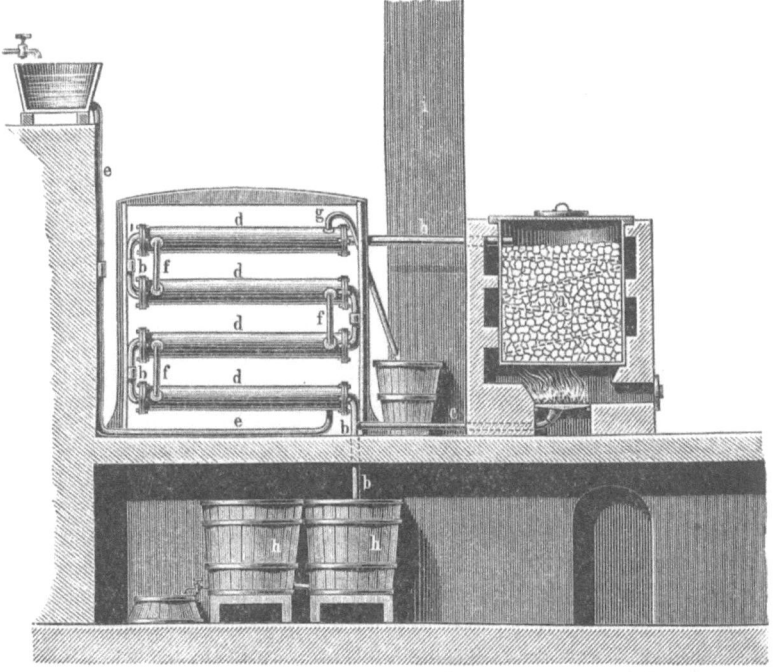

Abb. 107. Gerät für die Destillation von Holz zur Gewinnung von Holzessig und Holzteer unter Verwendung des Holzgases zur Heizung.

Mitte hin 3 Zoll und von dort aus ging unterirdisch ein mit durchlöchertem Deckel verschlossenes, am besten Tonrohr mit Fall nach der Längsseite hin nach außen, eine Vorrichtung die tatsächlich nichts weiter ist als eine antike Destillations- oder Verkokungseinrichtung. In einem genügend großen „Laboratorium", das drei Schuh tiefer neben die Ofenanlage gebaut ist, endigt das Ablaufrohr, und in Fässern, Ballons, Flaschen, je nach der Menge werden die Destillationsprodukte, styptisches Wasser, Steinkohlenöl, saurer Geist aufgefangen. Wenn sie anfangen von verdampfenden ganz leicht siedenten Stoffen (Naphte) „zu dampfen", werden sie durch muffenartig ineinander gesteckte Glasrohre 16 bis 20 Schuh weit nach einem Oberstock der leichten Entzündlichkeit wegen, geleitet und weiter in gesonderten Abteilungen destilliert. Es war Pierre Belon, der seit 1785 solche Destillationen mit Holz anstellte und der, da seine Pläne, das erhaltene Gas zur Beleuchtung der Leuchttürme zu verwenden, keinen Erfolg hatten, sich auf die Holzessigfabrikation legte. Sein später von Molleratt, Kurtz und Lhomond verbesserter Destillationsapparat[1]) ist in der Abb. ohne weiteres verständlich dargestellt. Das aus der Kühlschlange am Ende austretende Gas wird hier nur zum Heizen der Retorte, der Teer[2]) als Nebenprodukt verwandt.

Abb. 108. Vervollkommneter Meiler.

Immer mehr verdrängte moderne, durch törichte Waldwirtschaft und Teuerwerden des Holzes aufgedrängte verfeinerte Holzverwertungsindustrie die uralte, urwüchsige Wander-Köhlerei, die Pechhütten. Nur selten werden sie oder „Pechbrenner" wohl noch in Deutschland anzutreffen sein, und selbst in den Ost-Provinzen dürfte der Smolarz, der das Produkt seiner Tätigkeit, die Smola, Teer zum Wagenschmieren und Kienruß in Rußbutten, aus dünnen Holzdauben zusammengesetzten (etwa 20 cm langen und 5 cm im Durchmesser messenden, durch einen mittels des Holzreifens aufgepreßten Lappen verschlossenen) Fäßchen in meiner Jugend noch von seinem Transportkarren aus feilbot, ausgestorben sein. Was sie feilboten, wird wohl durchweg in etwas verbesserten, den uralten Meilern äußerst ähnlich gestalteten Meileröfen (z. B. in Westpreußen) bereitet. Einen

---

[1]) Girardin, Leçons de chimie élementaire, Paris 1860 II. S. 425. Vgl. Abb. 107.
[2]) Daß seine und die von einem Deutschen vermutlich empfohlene Verwendung des Steinkohlenteers zum Streichen der Schiffe, der Dächer u. dgl. keineswegs neu, sondern bis in klassische und noch frühere Zeit zurück zu verfolgen ist, wurde oben gezeigt. Vgl. S. 8².

solchen Meiler zeigt die Abb. 108. Er wiederholt im Grunde nur was Theophrast schon kannte. Vgl. oben S. 7. In Rußland geht der Köhler seiner Hantierung noch nach, und in dem jetzt einverleibten Finnland geht das Teerbrennen (in Schweden wird er „gebrannt" und „gekocht") in einem Meiler [einer Tervahauta] vor sich. Das *Oleum Rusci*, der schwarze Dägen, Teer aus Birkenholz ist ein auf diese Art dargestelltes Erzeugnis. Vgl. meine Arbeit in Pharm. Zentralhalle 1904 und oben S. 59. Bemerken möchte ich noch, daß Plinius, XVI, 30 erzählt, die Gallier „kochten" aus Birken ein Bitumen, also unzweifelhaft Birkenteer.

Nach Tschirchs „Handbuch der Pharmakognosie" S. 130, ist das eine Grube, die kreisrund ist und nach der Mitte zu tiefer wird. Dort wird ein Holzkasten ohne Boden eingesenkt, in dem der Teer sich sammelt. In seine eine Wand ist ein Holzrohr eingesetzt, aus dem Teer abfließt und zwar durch das gedachte Rohr, das schräg abwärts über den Rand des Meilers hinweg zu einem Kanal läuft, an den die Sammelgefäße angeschlossen sind. Der Boden der Grube ist mit Ton oder Moorerde bedeckt, um das Aufsaugen des Teers zu verhindern. Das kuppelförmig aufgestellte Holz wird mit Moos, Erde und Torf bedeckt. Das ist wieder fast wörtlich die Beschreibung der Destillationsvorrichtung, wie ich sie, auf Theophrast gestützt, wie oben gesagt, auf S. 7 gab, wie sie kaum von den klassischen Völkern aus nach dem räumlich so weit entfernten Germanien und gar nach dem Lande der Sarmaten und Fenni gekommen sein kann, sondern die vermutlich bodenständig, von Vorvätern der genannten erdacht wurde, und die beweist, daß die grundlegenden Beobachtungen, Überlegungen und Versuche zurückgehen, wie ich schilderte, bis in die Zeitspanne der Küchenchemie an dem von der Frau gehüteten Herdfeuer.

Eine Verkokung, bei der aber die gasförmigen Destillationsprodukte die Hauptsache, alle andern Nebensachen sind, wird in den Destillationsapparaten der Gasfabriken vorgenommen.

Becher scheint der erste gewesen zu sein, der 1682 (in seiner „Großen chemischen Concordanz") auf die Brennbarkeit des bei der Destillation der Steinkohlen gewonnenen Gases hingewiesen hat, und fort und fort beschäftigten sich die Chemiker des Jahrhunderts begreiflicher Weise mit Versuchen, die Hand in Hand gehenden Erscheinungen zu ergründen und alle möglichen organischen Körper in ihren „*Clyssus*" zu zerlegen. Von spielenden Versuchen, die gasförmigen Produkte, die aus den Koks-Brenn- oder Teer-Schwel-Öfen durch undichte Stellen oder durch für solchen Zweck angebrachte Löcher entwichen, anzuzünden oder sie, durch Röhren fortgeleitet, an passenden Orten erst zu Beleuchtungszwecken zu benutzen, (wie das seit undenklichen Zeiten mit andern Zersetzungsprodukten organischer Substanzen, den neben Erdölen dem Erdboden entströmenden brennbaren Gasen [Kohlenwasserstoffen], beispielsweise auf der Halbinsel Apscheron bei Baku geschah und geschieht), hören wir erst aus den Fabrikanlagen des Earls of Dundonald, der am 30. Apr. 1781 ein Patent auf einen geschlossenen Cokeofen erhalten hatte, wohl wie er oben beschrieben wurde. Wenn der frühere Apotheker, Prof. Pieter Minkeleers 1781 sein Laboratorium mit Steinkohlengas, der Apotheker Erxleben in Landskron mit Gas aus Knochen beleuchtete (es werden wohl organische Substanzen aller Art gewesen sein), wenn Pierre Lebon seit 1785 Versuche anstellte, um in einer Operation aus Holz Kohle, die brennbaren Gase und Teer darzustellen, wenn Lampadius 1799 und der Lübecker Apotheker Kindt 1816 Holzgas darstellten, um es zu Leuchtzwecken zu benutzen, so haben alle als zuvörderst in Betracht kommend, eine jedenfalls den Laboratoriumsgeräten nachgebildete, größere eiserne Retorte benutzt. Glauber hat ein Gerät angegeben, das der Retortenform einigermaßen ähnelt, um darin Destillationen vorzunehmen, bei denen immerhin starke Hitze notwendig war, also solche von Weinstein für Spiritus e Tartaro (Brenzweinsäure), Cornu Cervi (für Ol. animale) u. dergl. Sie war aus Gußeisen (gelegentlich aus Ton) hergestellt, „unten etwas weiter als oben und zweimal so hoch als weit, oben mit einem Hals, darein ein Deckel schleußt, eines guten Zwergfingers tief. Der Deckel muß ein Ohr haben, welches man mit einer Zange fassen und also damit

Abb. 109.
Erstes Gerät zur Steinkohlengasbereitung.

abnehmen und wiederum darauf decken kann". Diese Öffnung, statt des gewöhnlichen Tubus für einen Stopfen genügte für das Beschicken und Leeren der Retorte. Um die Zeit der oben genannten Versuche verwandte man schon solche nach dem Muster der für die Vitrioldarstellung benutzten[1]).

Der nächst wesentliche zweite Teil, ein Gasaufbewahrungsgerät, ein Gasometer, anstatt früher gebrauchter Schweineblasen, war aus der von Hales erdachten pneumatischen Wanne entstanden und wohl von Beddoes 1796 verbessert und von Pepys 1802 zuerst in Anwendung gezogen. Ein solches Gerät, schon unter Berücksichtigung der Beseitigung und des gesonderten Auffangens der flüssigen Bestandteile, stellt Samuel Parkes in seinen „Anfangsgründen der Chemie für Cameralisten", Erfurt 1818, dar. Kaum dürfte die erste Gasanstalt wesentlich andre Retorten gehabt haben, als sie hier dargestellt sind, und vollkommenere Geräte zur Ansammlung von Gaswasser, Teer usw., Wascheinrichtungen, Meßeinrichtungen, die auch kaum an diese Stelle gehören, sind erst auf

---

[1]) Vgl. oben die Abb. 41, S. 67.

Grund späterer Erfahrungen, je nach ihrer zu Tage tretenden Notwendigkeit, erdacht und eingeführt worden.

Es ist das Verdienst des deutschen, aus dem Apothekerstand hervorgegangenen genialen Chemikers, Friedlieb Ferd. Runge, die Eigenart des seiner Zeit als unbequemes Abfallerzeugnis der Gasfabriken betrachteten Steinkohlenteers studiert und die grundlegenden Entdeckungen für seine Verarbeitung und Verwendung gemacht zu haben. Aus dem Nebenprodukt ist ein kostbares Hauptprodukt geworden, und in riesengroßen, viele Tonnen enthaltenden Geräthen wird es destilliert. Eine solche Einrichtung, in der der Teer selbst zur Vorkühlung des Destillats verwendet wird und dabei zugleich vorgewärmt wird, zeigt die Abbildung, die einer Beschreibung kaum bedarf. Sie ist einer Arbeit in der Cöthener Chemiker Zeitung, 1910, S. 282, entnommen.

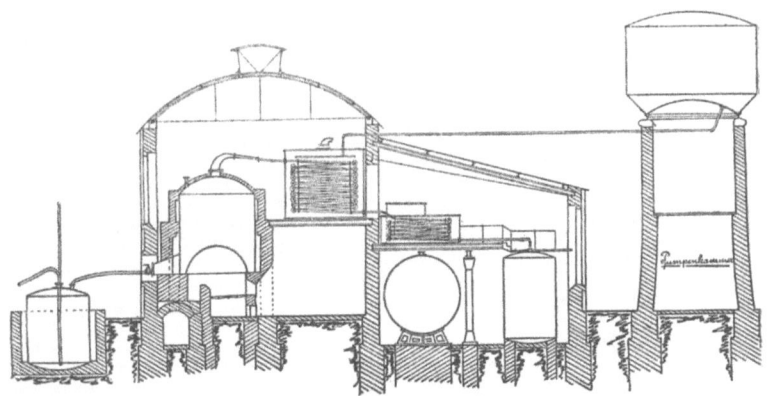

Abb. 110. Steinkohlenteer-Destillationsanlage.

Ganz besonders interessant sind Destillationsgeräte aus den vermutlich allerältesten Kulturländern des Ostens, aus China und Japan, weil sie mutmaßlich auf ein sehr hohes Alter zurückblicken können. Wenigstens scheinbar schlagen sie „ganz aus der Art", und es unterscheiden sich von den bis jetzt beschriebenen, unzweifelhaft im wesentlichen von den Arabern ausgebildeten Destilliergeräten die von den Japanern für ihre Destillation, z. B. des Pfefferminzöls im Großen, gebrauchten Geräte. Sie lassen aber doch die Urform, in diesem Falle das Haus mit nach innen abfallendem Dach (wie es oben als Eigentümlichkeit des Hauses im klassischen Altertum geschildert wurde) klar erkennen. In einem halbkugelförmigen kupfernen Kessel wird Wasser zum Sieden gebracht, und der entstandene Dampf tritt in ein in geeigneter Art darauf gestelltes und dampfdicht daran befestigtes zylindrisches Holzgefäß, das unterseits mit einem siebartig durchlöcherten Boden, oberseits mit einem trichterförmig nach innen abfallenden kupfernen Deckel verschlossen und mit Pfefferminzkraut angefüllt ist. Unter dem Deckel hängt unten ein flaches Gefäß, das durch ein Bambusrohr seinen Inhalt, das von dem, oberseits durch aufgegossenes Wasser gekühlten Deckel nach unten abtropfende Öl nach außen in ein Vorlagegefäß abführt.

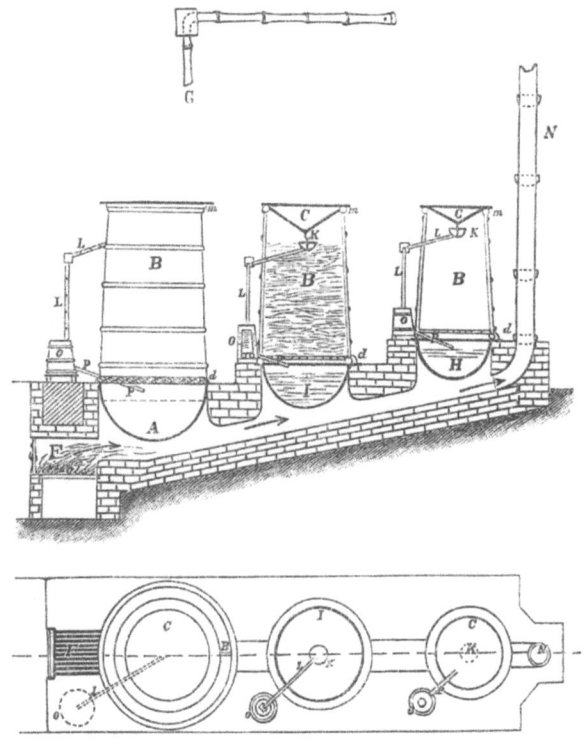

Abb. 111.
Destillationsanlage für Pfefferminze.

Aus ihm fließt das unten sich absetzende Wasser wieder durch ein Bambusrohr in das Wasserverdampfungsgefäß zurück. Zwecks besserer Ausnutzung des Feuermaterials stehen für gewöhnlich einige solche Geräte hintereinander, nach hinten etwas ansteigend, auf einem Feuerkanal. Nach den Angaben, die die vortrefflichen Berichte von Schimmel & Co. in Miltitz im Oktober 1908 auf Grund von japanischen Originalarbeiten (von Setsusaburo Tanaka) bringen, wird die Destillation von Hakuka oder Hakka[1]) schon seit 2000 Jahren, unzweifelhaft vermutlich im wesentlichen in derselben Art betrieben, in Apparaten, die sicherlich altüberkommenen Vorbildern nachgeahmt sind. Meines Erachtens haben sie einige, vielleicht nicht unwesentliche Vorteile vor unsern voraus.

Nur die Krimmischen Kosaken brauchen nach Krünitz Destilliergefäße zur Bereitung ihrer Rauschtränke aus gegorener Milch, die nach dem gleichen Prinzip gebaut sind. Ein eimerähnlicher und etwa ebenso großer Metallkessel ist mit einem möglichst dicht schließenden trichterförmigen, in eine Spitze auslaufenden Deckel versehen, der mit Hilfe von 3 Krampen fest angepreßt wird, nachdem man das Gefäß etwa zur Hälfte mit dem Destillationsgut gefüllt und ein auf drei Füßen stehendes zylindrisches Gefäß eingesetzt hat, das etwa einen Finger breit von dem Deckel absteht. Wenn die Flüssigkeit über mäßigem Feuer gelinde erhitzt ist, wird der Deckel mit kaltem Wasser, noch besser mit Schnee oder Eis angefüllt, das nach Bedarf ergänzt wird, wenn es durch die Wirkung des unten anprallenden Dampfes geschmolzen wird. Er sammelt sich, von der Deckelspitze abtropfend, inmitten der siedenden alkoholischen Flüssigkeit. Ob das Gerät die Urform des japanischen ist, oder ob es aus ihm vereinfacht für den Kleinbetrieb eingerichtet worden ist, bleibe dahingestellt. Die Beziehungen zwischen den beiden aufzuhellen, hieße gleichzeitig etwaige Beziehungen zwischen den beiden Völkerschaften und ihren Kulturen klarlegen[2]). Vgl. die Abb. 112.

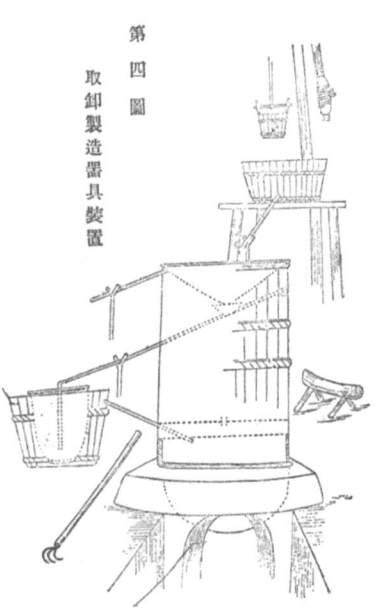

Abb. 112. Pfefferminzdestillieranlage.

---

[1]) Flückigers auf Mitteilung von Schimoyama gestützte Angabe (Pharmakognosie 1891, S. 726), daß Menthol an 2000 Jahre in Japan bekannt sei, ist wohl irrig. Die obengenannten Worte bedeuten die Pflanze, ihr Öl und Menthol. Nach dem von Schimmel & Co. angeführten Schriftsteller wurde Pfefferminze seit altersher gebaut. Öl wird in dem ältesten, in Betracht kommenden Werk aus dem Anfang des IX. Jahrhunderts nicht genannt, wohl aber unter dem Namen Megusa (Augenkraut) in dem Schin I Ho von 984. Danach mußte es um die Zeit jedenfalls destilliert worden sein. Daß es nicht nach dem Erscheinen der Portugiesen oder Holländer (1609) erst destilliert wurde, scheinen die ganz eigen, ja einzig gearteten Geräte zu verbürgen. Die Europäer hätten doch sicher ihre Geräte eingeführt.

[2]) Krünitz, Ökonomische Enzyklopädie, Berlin 1781. Abb. 470, 471 im Artikel Destillation.

Die Geräte der Kalmücken für ihre Kumys-Destillation sind nach Krünitz den gewohnten klassischen ähnlich, nur äußerst urwüchsig zusammengesetzt. Ich weiß nicht, ob sie ethnologisch den Sagaiern, einem Turkstamm in Süd-Sibirien, stammverwandt sind. Sieht man aber auf der Abbildung ihres Kumys-Arakà-,[1]) ihres Milch-Branntwein-Destillationsgerätes, wie es Hörnes[2]) zeigen kann, daß es den auf klassischem Boden stehenden völlig ähnelt, so ließe sich schon daraus Stammesähnlichkeit folgern, im übrigen Anlehnung an unsre Kultur.

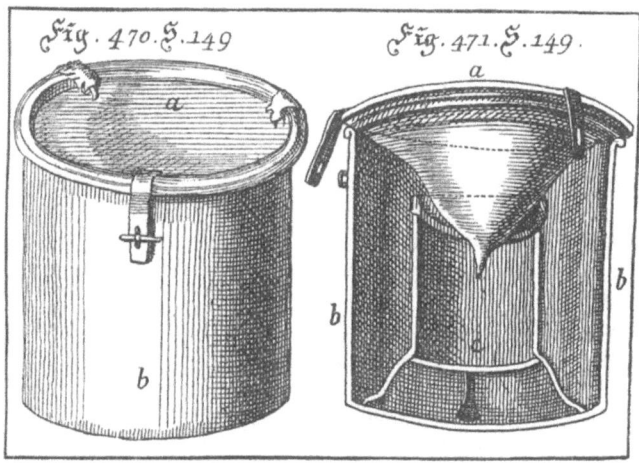

Fig. 113. Geräte der Krimmischen Kosaken zur Milchbranntwein-Destillation.

Allem Anschein nach besteht das Arakà-Gerät aus einem tiefem, vermutlich auch für andre Zwecke gebrauchten Kessel, auf den ein ziemlich gleich gestalteter Deckel gepaßt und möglichst dicht, vermutlich durch irgend einen Kitt, mit ihm verbunden ist. Kunstlos gearbeitete (Metall-?) Rohre führen das Destillat in die Vorlagen in einem Wassertrog ab. Dieses sich mit den einfachsten Mitteln Behelfen, wie sie Küche und Haus bieten, erinnert und bestätigt, was oben (z. B. auf S. 17, 39, 43, 87 usw.) gesagt wurde und was in vortrefflicher Art auch die aus äußern Gründen erst an diese Stelle gerückte Abb. 114 aus dem XVII. Jahrh. belegt.

Einen ganz urwüchsigen Eindruck machen auch die Apparate, die in China zur Destillation von Cassiablüten- (und des Sternanis-) Öls gebraucht werden[3]). Das erste Gerät hat immerhin eine gewisse Ähnlich-

---
[1]) Ob die Ähnlichkeit des Ausdrucks mit dem gleiches bedeutenden arab. Wort zufällig ist, kann ich nicht sagen. Vgl. S. 28.
[2]) In seiner „Natur- und Urgeschichte der Menschen", Wien, Leipzig. Vgl. Abb. 114.
[3]) Die betr. Abbildungen sind zumeist dem Werke von Gildemeister und Hoffmann oder der betr. Bearbeitung von Edw. Kremers entnommen.

keit mit den unsern. Auf einem Metallkessel steht ein mit Eisenblech ausgeschlagener Holzzylinder möglichst dicht befestigt. In ihn (der jeden-

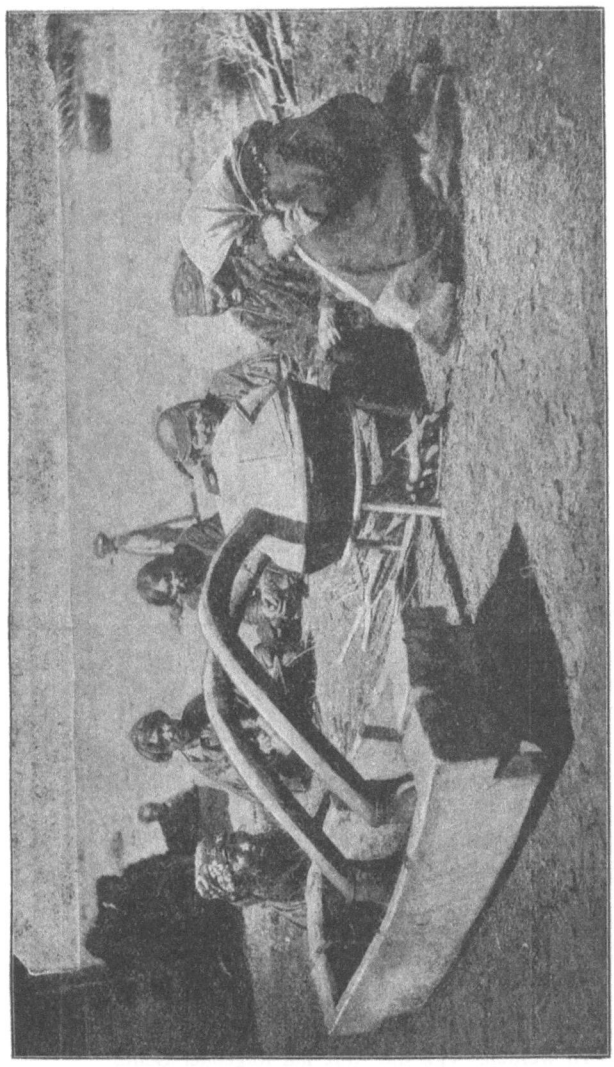

Abb. 114. Frauen der Sagaier bei der Destillation eines Rauschtranks (Araka) aus Milch.

falls unten einen durchbrochenen Boden besitzt, was weder aus der Abbildung noch der Beschreibung hervorgeht) kommt das Destillationsgut, auf ihn ein unten trichterförmig zugehender, wohl dem hölzernen Gefäß ähnlich geformter, verhältnismäßig großer (vielleicht um durch die große Außenfläche eine sonst nicht vorgesehene Kühlung zu bewirken) Helm. Aus der auf diese Art gebildeten Krempe führt das Ableitungsrohr schräg abwärts in ein eimerähnliches Vorlagegefäß, in dem sich das spezifisch schwere Öl ansammelt, während das Wasser in ein zweites und drittes

Abb. 115. Destillation aus einem Topf mit Alambik darauf. „L'alchimiste" v. Dav. Teniers d. J. Stich v. Phil. le Bas, Mitte des XVII. Jahrh.

Gefäß oben abläuft, um aufbewahrt und bei späteren Destillationen wieder verwandt zu werden. Vgl. die Abb. auf folgender Seite.

Dem eben gedachten ähnlich, aber technisch vervollkommneter ist das andre in Tonkin für Sternanisöl benutzte Gerät. Auf einem Wasserkessel steht ein Faß, das unten einen siebartig durchlöcherten Boden hat; geschlossen ist es mit einem umgekehrt trichterähnlichen Deckel, unter dessen Abflußröhre ein schalenförmiges Gefäß angebracht ist. Auf ihm ruht eine weitere Schale zur Aufnahme des Kühlwassers. Aus der zylinderförmigen Vorlage wird das Wasser mittels Heber wieder in den Apparat geleitet, um nochmals destilliert zu werden. Vgl. Abb. 117.

Bei der Destillation in China ist ein analoges, im Grunde vollkommeneres Gerät in Gebrauch. Interessant ist die verblüffend einfache und zweckmäßige Vorlage: Aus der ersten Abteilung fließt das spezifisch leichtere Öl in die zweite über. Vgl. Abb. 118.

Abb. 116. Apparat zur Destillation von Cassiablütenöl in China.

Im wesentlichen gleicht die sicher nach uralter Art betriebene Campherdestillation in Japan den eben genannten. Zumeist am Abhang eines Hügels ist ein einfacher Ofen errichtet. Auf ihm ruht eine ziemlich flache Pfanne zum Verdampfen des durch einen seitlichen Stutzen zu ergänzenden Wassers. Darüber steht ein nach oben etwas verjüngter Holzbottich, der unterseits mit einem durchlöcherten Boden abgeschlossen ist. Ringsherum ist er unter Zuhilfenahme eines stützenden Bambusgeflechts mit Lehm leicht beschlagen. Er wird mit Campherholzspänen beschickt und mit einem Deckel bedeckt. Wird das Wasser zum Kochen gebracht, so dringt es durch die Späne, beladet sich mit Campher und tritt durch das Bambusrohr in Kästen mit mancherlei Querteilungen, in denen sich das feste Öl beim Abkühlen absetzt. Über der Heizöffnung werden die aus einem dicht dabei angebrachten Mannloch herausgezogenen abdestillierten Späne getrocknet, um dann verfeuert zu werden[1]). Siehe Abbildung 119.

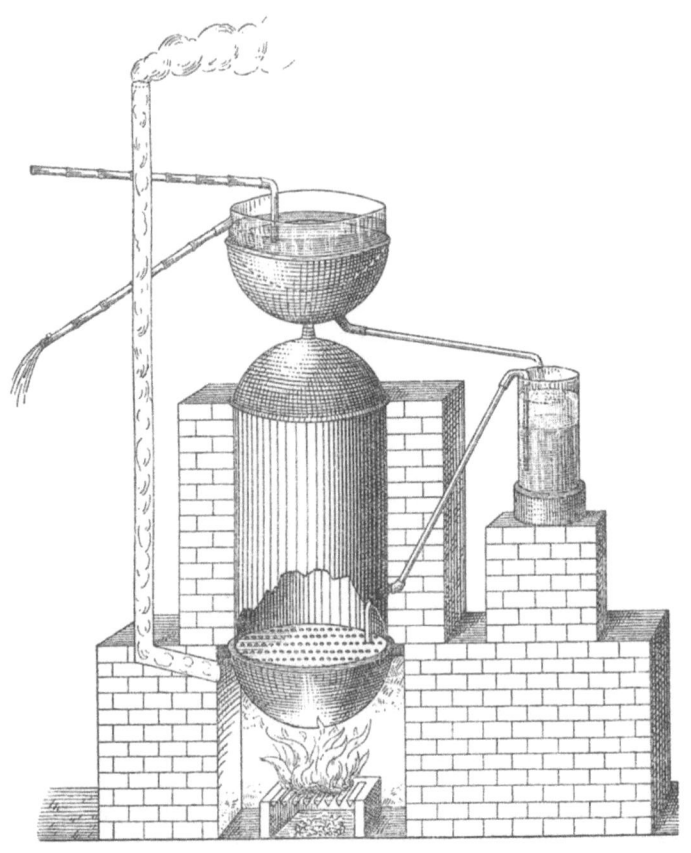

Abb. 117. Sternanisöl-Destillation in Tonkin

Wie oben durch die Abbildung aus Ryff z. B. (S. 47) gezeigt werden konnte, destillierte man im Mittelalter in unserm Vaterlande gleich an Ort und Stelle, inmitten der „Kräutergärten", wie sie seit langer Zeit her

---

[1]) Grassmann, Der Campherbaum, Mitteilgn. der deutschen Gesellsch. f. Natur- und Völkerkunde Ostasiens 1895, S. 277 f.

(z. B. um Würzburg, dessen Name ebenso bezeichnend ist wie der lateinische Herbipolis, am Michaelsberg bei Bamberg usw.)[1]), die Ruchstoffe, und ganz ebenso geschah es natürlich an der gottgesegneten Riviera, wo schon im XIV. Jahrh. zum mindesten[2]) *Lavandula, Hyssopus, Borago,*

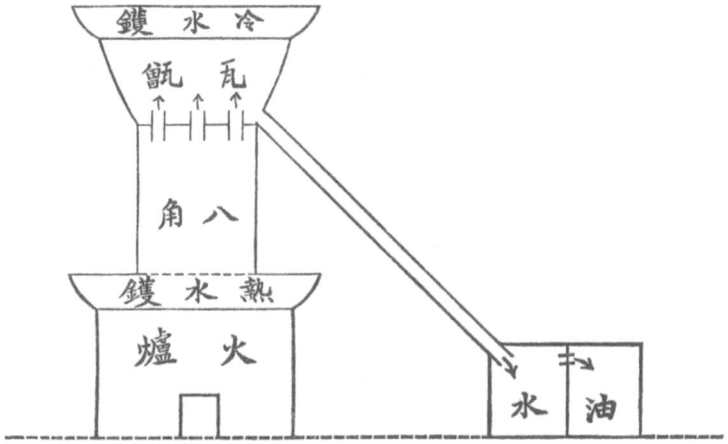

Abb. 118. Sternanisöl-Destillation in China.

Abb. 119. Campherdestillation in Japan.

Salvia, Viola, Plantago, Rosa usw. in großem Maßstabe gebaut und zu Ruchwässern, später zu Ruchölen verarbeitet wurden. Ebenso natürlich ist, daß man sich da, in einer ganz handwerks- oder gewerbsmäßig, fernab

---

[1]) Vgl. darüber die Angaben in meiner Geschichte der Pharmazie.
[2]) Vgl. darüber Baudot, La Pharmacie en Bourgogne.

Abb. 120. Destillation von Lavendelöl.

von wissenschaftlichen Erwägungen betriebenen Industrie, altüberkommener von Generation zu Generation vererbter Geräte und Arbeitsart bediente und zum Teil wenigstens noch bedient[1]). Ein Blick auf sie, die entweder im Besitz der bäuerlich oder gärtnerisch arbeitenden Blumenzüchter sich befinden, oder Leuten gehören, die etwa wie die Besitzer von Mähmaschinen mit ihren *Alambics voyageants* von Ort zu Ort ziehen, läßt die allbekannten Formen erkennen, wie ich sie aus den ersten Jahrhunderten unsrer Zeitrechnung vorführen konnte, und wie sie unter den Arabern vergrößert und ausgestaltet wurden. Auf drei Unterlagesteinen, wie das Kochgefäß auf dem Heerdfeuer der ständig wandernden Urahnen, steht der Alambic der Lavendelölbrenner. Vgl. Abb. 120.

Daß die nämlichen Gerätformen auch da in Anwendung kommen, wo europäische Kolonisten ihre Kultur hintragen und dort bodenständige Ruchgewächse, wildwachsende oder kultivierte, um Fracht zu sparen, gleich an Ort und Stelle, der Regel nach „roh" destillieren, ist völlig natürlich. Daß sie in den fernen Ansiedelungen selbst in denkbar einfachster Art, gelegentlich unter Zuhilfenahme von Naturerzeugnissen, wie sie der Mensch in der frühesten Zeit zur Hilfe heranzog und der Wilde sie noch als Haus- und Küchengerät braucht, gebaut oder daß heimische Geräte mit solch urwüchsigen Ersatzstücken zurechtgemacht werden, ist selbstverständlich. Diese „atavistischen" Verhältnisse machen sie aber gerade für allgemein kultur- und in Sonderheit für unsre geräte-geschichtliche Betrachtung äußerst interessant und wichtig. Vgl. Abb. 114.

Cajeputöl wurde auf den Molukken jedenfalls dargestellt, bevor sie von den Europäern betreten wurden. Es wurde als Diaphoreticum von den Eingeborenen verwandt. Das Destillationsgerät, das jetzt auf Lerang, einer der Inseln, zu seiner Darstellung verwandt wird, ist zweifellos in der Grundidee klassisch, europäisch. Ein (vielleicht mit Terpentinöl oder Petroleum aus Amerika eingeführtes) Holzfaß dient als Blase, ein Metallhelm ist auf ihm befestigt, ein Bambusrohr, das einfache Gerät, das die Natur dort bietet (vgl. oben S. 17), leitet das Destillat durch ein mit Wasser gefülltes Faß in ein aus einer Kokosnußschale gebildetes, trichterähnliches Gerät, das in einer mit Wasser gefüllten, weithalsigen Flasche steht. Es wird durch das Destillat in die Kufe, in der sie steht, verdrängt, und wenn die Nußschale mit abgesondertem Öl gefüllt ist, wird sie, der denkbar einfachste Scheidetrichter, nachdem die Ausflußöffnung mit dem Finger abgeschlossen ist, abgenommen und, sobald das Öl entleert ist,

---

[1]) Analoge Zustände herrschten auch noch auf andern Gebieten landwirtschaftlich-chemischer Gewerbe. An die Stelle bodenständiger germanischer Milchverarbeitung zu Anke und Ostr trat etwa im XIV. Jahrh. nach römisch-italienischem Muster eine verbesserte häusliche Darstellung von nach demselben Muster benannter Butter [βούτυρον, eigentlich Ochsen-, im Gegensatz zu ἱππάκη, Pferde-Käse] und Käse [lat. *Caseus*]. Erst vor ganz kurzer Zeit folgte sie wissenschaftlichen Erwägungen, und, „rationell" betrieben, liefert die Molkerei jetzt Erträge, die in Güte und Größe die alten weit hinter sich lassen.

wieder an ihren Platz getan. Das wäßrige Destillat wird vermutlich andern Tags wieder auf die neue Blätterfüllung getan[1]).

Ganz ähnlich liegen die Verhältnisse bei dem indischen Palmarosa-Öl. Das (Motia- oder So(n)fia-)Gras wird in Bündeln möglichst dicht durch Einstampfen mit den Füßen in eiserne oder kupferne Blasen gebracht, die zu dreien bis vieren in einem Ofen aufgestellt sind. Die letzteren sind zylinderförmig, etwa 80 cm im Durchmesser, aus Platten zusammengenietet, letztere etwas kleiner, annähernd kugelförmig getrieben.

Abb. 121. Apparat zur Destillation von Cajeputöl.

Sie werden erst mit Wasser (etwa 10 bis 12 cm hoch), dann mit dem Gras beschickt. Ein durchbohrter Deckel wird mit Udidkleister (Bohnenmehl und etwas Kochsalz) und Lehm[2]) aufgelutiert, in gleicher Art ein winkelförmig angeordnetes Bambusrohr darin befestigt, das in einem kupfernen Vorlagegefäß endigt. Sie alle stehen in einem Rahmen in fließendem Wasser. Wenn die Destillation beendigt ist, schöpft der Arbeiter das Öl mit einem Löffel ab und scheidet es mit Hilfe eines Blech-Trichters vom mitgeführten Wasser. Vgl. Abb. 122 aus Schimmels Berichten.

---

[1]) Vgl. Kremers (Gildemeister u. Hoffmann). Ich möchte annehmen, daß seine Darstellung irrtümlich, die meine richtig ist. Das spezifisch leichte Öl kann unmöglich, da es auf dem Wasser schwimmt, replace the water in the flask. Sie soll zumeist eine in Indien sehr häufig anzutreffende viereckige Branntweinflasche sein.

[2]) Vgl. die Luta oben S. 10[4], 40, 54.

Abb. 122. Destillation von Palmarosaöl.

— 140 —

Eine „Native"-Destillationsanlage für Lemongras-Öl, wie es im südlichen Vorder-Indien jedenfalls auch recht lange schon dargestellt wird und zwar eine aus der Nähe des Periyar-Flusses in Travancore können

Abb. 123. Destillation von Lemongrasöl.

Schimmel & Co. in ihrem April-Bericht von 1910 nach Aufnahmen von Reinhart an Ort und Stelle zeigen. Das Gerät stellt sich offensichtlich auch wieder als eine Verquickung bodenständiger und eingewanderter Kultur dar. Das Auffangegefäß wurde schon weiter oben auf S. 80 vorgeführt.

Etwas vollkommener immerhin ist die Einrichtung, die auf der andern Seite der Erde, in Mexiko, zur Darstellung des Linaloe-Öls dient. Die zylindrischen, aus galvanisiertem Eisenblech hergestellten Blasen stehen auf gemauerten Öfen, die mit dem abdestillierten Holz geheizt werden. Der kupferne Helm hat eine Mohrenkopf-Kühlung. Zwei Schnäbel gehen durch ein Kühlfaß, das für gewöhnlich aus den Flüßchen gespeist wird, deren Nähe gesucht wird. Vorlagegefäße sind häufig alte Petroleumkanister. Verschmiert werden die Geräte mit dort gefundenem kohlschwarzem Lehm. Vergl. Abbildung 124 aus Schimmels Bericht 1907.

Eingemauert ist die verhältnismäßig flache und breite Blase, die in Virginien in Nord-Amerika zur Destillation des Wintergreen-Öls[1] verwendet wird, und ähnelt immerhin etwas dem Gerät, das ebenfalls in Nord-Amerika zur Darstellung des Terpentin-Öls verwandt wird, das in dem alten πισσέλαιον und κέδριον Ahnen erblicken kann, also recht alt, das älteste bekannte „wesentliche" Öl ist. Es läßt sich denken, daß es, ein Bestandteil des wohlbekannten Terpentins, zu Darstellungsversuchen geradezu anlockte. Daß es in China und Japan womöglich auf noch ältere Bekanntschaft und Verwendung zurückblicken kann, verrät die jedenfalls uralte Darstellung von Lacken, die unzweifelhaft in Terpentinöl gelöst wurden. Bis in die Mitte des vorigen Jahrhunderts dürfte Terpentin stets „trocken" destilliert worden sein. Lémery verarbeitet dieses Weichharz mit Werk gemischt, erst bei gelindem Feuer, um einen Esprit volatile, bei etwas verstärktem, um ein Huile claire, schließlich jaune und endlich ein rouge zu erhalten, die er „separement" in Phiolen aufbewahrt. Hundert Jahre später destillierte man, wie auch Krünitz z. B. berichtet, mit besserm quanti- und qualitativem Ergebnis den Terpentin unter Zugabe von Wasser, und diese Arbeitsart hat man wohl seitdem fast durchweg in Frankreich, selbst wohl in Rußland eingeführt und nach dem, nachgerade wohl größten Erzeugungsland Nord-Amerika übergeführt. Eine andre wie sie ist jedenfalls in dem von Tschirch in der Abb. 160[2]) wiedergegebenen Gerät nicht möglich. Man sieht auf ihr links den vermutlich eingemauerten, flachen großen Alambik, dessen Schnabel querüber nach dem großen Kühlfaß geht. Vielleicht ist die „Blase" metallen, vielleicht nur ein kleiner kammerähnlicher oben gewölbter oder mit einer Metalldecke geschlossener Raum. In der dem Beschauer[3]) zugekehrten Wand scheint eine „Abstichöffnung" für den Destillationsrückstand ausgespart zu sein, der wohl, so weit möglich, in dem gemauerten Trog gelassen wird.

---

[1]) Kremers, S. 587, Abb. 77.

[2]) In seiner im Erscheinen begriffenen Pharmakognosie.

[3]) Die Abb. 110 stellt eine auf der Höhe der Zeit stehende Verbesserung dieses sehr einfachen Gerätes dar.

Abb. 124. Destillation von Linalocöl

Von Familie zu Familie, vom handwerksmäßigen Destillateur[1]) auf seine Söhne und so weiter, erbten sich jedenfalls die Vorschriften für die Rosenöldarstellung wie im Osten, in Persien, dem mutmaßlichen Stammlande der „Königin der Blumen", in Arabien und in den Balkan-Ländern, und ganz ebenso, kann man wohl mit Recht annehmen, bediente man sich nach uraltem Muster geformter Gefäße, auf deren Gestaltung, aus räumlichen Gründen schon, zum wenigsten die für das Abendland maßgebende arabische (Al-)Chemie kaum Einfluß ausgeübt haben kann. In den Rosenöldestillationsgeräten dürften wir also sozusagen direkte Nachkommen allerältester Vorbilder erblicken. Wenn der oben schon erwähnte arabische

Abb. 125. Destillation von Rosenöl in Bulgarien. Vgl. S. 81.

Reisende Dimaschqî in seiner Kosmographie über die in der Nähe von Damaskus benutzten Geräte[2]) berichtet, daß sie innen eine Art Rinne oder Gesims (Itrîz) trugen, so dürfte das einer Einrichtung gleichen, wie wir sie im kleinen bei manchen Alambik, im großen bei dem auf S. 132 beschriebenen Cassiablütenölgeräte der Chinesen kennen lernten. Die Zeichnung, die Wiedemann[3]) von augenblicklich noch in der Nähe von

---

[1]) In welcher großzügigen Art die Destillation von Rosenwasser und -Öl schon frühzeitig betrieben wurde, geht aus der Nachricht hervor, die Istachry, wohl zwischen 915 u. 20 bringt, daß der Staat die Häuser, in denen in der Nähe von Schiras solches Gewerbe betrieben ward, besteuerte. Daß ihre Erzeugnisse bis China, Afrika und Spanien verschickt wurden, teilte ich schon in meiner Geschichte mit.
[2]) Vgl. oben S. 35.
[3]) l. c. S. 247.

Damaskus verwandten Geräten bringen konnte, ist kaum den Tatsachen entsprechend. Man kann sie aber immerhin in Einklang bringen mit der Ausgestaltung der chinesischen Geräte.

Nach den Balkanstaaten kam die Rosendestillation im XVII. Jahrhundert unzweifelhaft vom Orient. Die Geräte aber gleichen völlig den westlichen Vorbildern, die nicht unwahrscheinlich von Italien über Venedig zu ihnen gedrungen sein mögen, bis auf die erwähnte, ganz einzig dastehende Krempe oder einen Sims, den der Helm deutlich erkennen läßt. Vielleicht ist er als Überbleibsel aus der Heimat der Industrie anzusprechen. Eine Antwort auf diese Frage wäre auch in kultur- und handelspolitischer Beziehung interessant[1]).

Schon oben (S. 2 ff.) erwähnte ich gelegentlich, daß der Wechsel zwischen irdischem und himmlischem Wasser, der Übergang des ersten in Nebel und Wolken, und weiter in Regen, Schnee usw. als ein Destillationsvorgang angesehen wurde. Als Beschreibung einer solchen wird auch der mystische verschwommene Text der sog. Tabula Smaragdina gedeutet, die, wenn sie auch nicht uralt ist, nicht vom Götterboten Hermes, sondern vielleicht von einem unter seinem Namen gehenden Alchemisten stammt, so doch ein recht altes, vielleicht aus dem XI. Jahrhundert stammendes Dokument ist. Es heißt in ihr, um vom allgemeinen „Werden und Vergehen", von dem ewigen „πάντα ῥεῖ", von der Wandlung des Uralls in ein Ureins [Universum aus unus und vertere], mystisch auf die erstrebte Möglichkeit der Transmutation hinzuweisen:

„Der Welt Kraft bleibt ungeschwächt, auch wenn sie zur Erde wird. Wenn du behutsam, kunstgerecht das Flüssige vom Festen trennst, so steigt es von der Erde zum Himmel, dann steigt es wieder herab und nimmt die alte Gestalt an. Da hast du das Wunder des Weltalls, und alle Unklarheit weicht von dir[2])."

Analog und unsern Anschauungen entsprechend, drücken sich spätere Schriftsteller und Gelehrte (Megenberg, Lonicer usw.)[3]) aus. Für das,

---

[1]) Es sei an dieser Stelle darauf hingewiesen, daß der s. Z. durch seine Unmenge von kleinen Mitteilungen sehr bekannt gewordene frühere bayrische, dann griechische Apotheker und Prof. der Chemie und Pharmazie in Athen Xaver Landerer im Jahre 1847 (Buchners Repert. 96, 401) berichtete, daß in Macedonien aus in einen Brei gemahlenen Rosen ein Saft ausgepreßt und an die Sonne gehängt würde. Nach wenigen Wochen hätte sich oberseits Rosenöl ausgeschieden, das von Smyrna und Alexandria aus in den Handel käme. Aus diesem Berichte, der ja kaum anzuzweifeln ist, kann gefolgert werden, daß, wenn Galen (vgl. meine Geschichte S. 175) beobachtete, daß aus seinem Rosensaft sich ein schweres Prinzip, ähnlich der Amurca aus dem Öl, dann ein leichtes, über ihm ein gärendes, schließlich ein sehr reines abschied, dieses letzte, das Produkt einer „Destillation" im Sinne des Volks, in der Tat ätherisches Rosenöl war.

[2]) Vgl. meine Geschichte S. 186.

[3]) Wie schon oben z. B. S. 3 angeführt ist.

was man im Makrokosmos, der Welt, zu beobachten glaubte, suchte man im Leben des Mikrokosmos Mensch nach Analogieen.

Nach hippokratischen Anschauungen, die sich später bei Aristoteles wiederfinden, machte sich im Körper das φλέγμα¹) [kehrt im lat. flamma wieder], ein zähflüssiger, giftiger Saft, durch Entzündungserscheinungen (im übertragenen medizinischen Sinne) unter Wärmeentwicklung ähnlich geltend wie die im Körper herumziehende Krankheitsflüssigkeit, das ῥεῦμα [von ῥέω fließen] durch κατάῤῥοι, κορύζαι [Katarrhe und Schnupfen] und κατασταγμὸς, d. h. τὸ ῥεῦμα τὸ ἀπὸ τῆς κεφαλῆς καταῤῥεόμενον διὰ τῶν μυκτήρων, durch herabträufeln [destillieren] der ins Haupt gestiegenen Krankheitssäfte aus der Nase, welche Ausscheidung begreiflicherweise κατάῤῥω νοσοῦντες, eine Gesundung durch Ausfluß zur Folge haben mußte²).

Da mit allen andern auch die Heilwissenschaften von den „trügerischen" Griechen nach Rom gekommen waren, finden sich auch deren Anschauung und die bez. Redensarten wieder. Das Haupt wird durch die Krankheitssäfte schwer, schmerzend, es fühlt Gravedo [vgl. gravidus], Benommenheit, Kopfweh, der Mensch bekommt Pituita [beiläufig zum deutschen Pips geworden], Schnupfen, er wird durch häufiges Nasenlaufen geplagt, „vexatur crebris *destillationibus narium*" (Plinius, Celsus), weil der „humor (die spätere „Humoralpathologie" fußte auf den eben erwähnten alten Anschauungen und des großen Hohenheim-Paracelsus Anschauungen von der Ausscheidung des Tartarus als Krankheitsstoff ebenfalls) de capite in *nares destillat*".

Abb. 126.
Allegorie der Destillation bei Libav.

Daß solche Anschauungen, die sich ja, wie gesagt, auf gar nicht anzuzweifelnde Beobachtungen stützen, Bestandteile späterer Wissenschaft wurden, jetzt noch die Volksheilkunde beherrschen und in der modernen Wissenschaft trotz aller Verbesserungen und Ausgestaltungen wieder zu erkennen sind,

---

¹) Vgl. auch oben S. 62.
²) Als Seitenstück sei erwähnt, daß Vergil, in den Georgica, auf das als gefährliches Gift verschrieene, nicht ganz klar zu stellende Hippomanes anspielend, 3,28 singt:
   Hinc demum Hippomanes vero quod nomine dicunt
   Pastores, lentum destillat ab inguine virus.

ist nicht eben wunderbar. An dieser Stelle soll nur darauf hingewiesen werden, daß dem großen Araberarzt und Chemiker Rhazes der Magen als Destillierblase erscheint, der Kopf als Helm, die Nase als Kühlrohr (vgl. die kalte Nase und den kalten Kopf als Zeichen der Gesundheit), aus dem das, was im Magen durch Digestion im alten Sinne erzeugt ward, zum Teil wenigstens, ausgeschieden wird.

Hohenheim, der große Reformator der Natur- und Heilwissenschaften ist der nämlichen Ansicht. Seine tartarischen Ausscheidungen können recht wohl mit den Faeces, dem Blasen- oder Retorten-Rückstand, dem *Caput mortuum*, dem *Ex-* oder *Recrementum* in dem menschlichen Destilliergerät[1]) verglichen werden. Erinnern wir uns an diese „Stoffwechsel"-Geschehnisse, an die hohe Stellung des Mikrokosmos-Menschen in der Schöpfung, so werden wir immerhin verstehen und entschuldigen, daß auch den gedachten, für unser Empfinden widerlichen Ausscheidungen große Wertschätzung als Arzneistoff entgegengebracht wurde und daß man, heiligen Ernstes voll, versuchte, auch sie in Gold oder eine Panacee zu transmutieren, sie zur Grundlage der „$\dot{\alpha}\gamma\iota\alpha$ $\tau\dot{\epsilon}\chi\nu\eta$", der „hochheiligen, philosophischen" Kunst des Hermes Trismegistos zu machen.

Lonicer kleidet den Destillationsvorgang in folgende Worte: Durch die Feuerstatt der Leber, die Pfanne oder Capell des Magens steigen die innerlichen Dämpf durch natürliche oder äußerliche Hitz ins Haupt oder Hirnschal als ein Destillierhelm auf, durch Kälte zusammengetrieben, werden sie als Rotz oder Schleim durch die Nasen als Schnabel herabfallen, durch schnupfen und husten ausgefegt.

Mit andern Worten spricht der Klassiker der Destillation Porta auf Avicenna gestützt, dasselbe aus:

Vidimus ex Avicenna in *catharro*, quomodo *vapores* ex corpore a naturali calore *ad cerebrum diffusi* sua frigiditate in aquam coguntur et diffugia quaerentes per narium canales corriventur et defluxus facientes quasi per *alambicis* rostrum exprimuntur[2]).

Abhold allen Phantastereien der „Alchemisten" ist Libav. Sein Streben ist, ihre verworrenen Vorschriften, die mehr verhehlen als enthüllen sollten,

---

[1]) Vgl. auch oben S. 58.

[2]) Wie solche Anschauung ins Volk gedrungen, Gemeingut geworden ist, belegt auch für die Wende des XVI. Jahrh. Shakespeare. In Venus und Adonis sagt er: „From the stillatory of thy face comes breathe perfumed" — dem Destilliergerät deines Antlitzes entströmt wohlriechender Hauch. In Macbeth heißt es: Memory shall be a fume and the receipt of reason a limbeck [aus Alambik entstanden] only — das Gedächtnis soll in Rauch aufgehen und das Behältnis der Vernunft nichts als ein Destillierhelm sein. Der Ausdruck Mohren-Kopf, Tête de more, spricht übrigens auch schon für die Tatsache des Vergleichs.

sicher, allgemein verständlich zu gestalten. Aber auch er steht in seinen Anschauungen über die Lebensvorgänge im menschlichen Organismus fest auf dem eben kurz gekennzeichneten Standpunkt, und im Bilde legt er dar, wie er sich das menschliche Destilliergerät denkt. Wenn er für seine Allegorie ein Weib wählt, so ist nicht ausgeschlossen, daß er nebenbei an die Alchemie dachte, die in der Hauptsache „destillierte", als deren Kennzeichen aber „fraus, vanitas, dolus, sophisticatio"[1]) angesprochen wurden, die mit dem Weibe auf die Welt gekommen sind. Vermutlich aber überlegte er, daß als Personifikation des Alls, des Universums, des Makrokosmus in seinem ewigen Fluß kaum jemand anders in Betracht kommen kann als das Weib, dessen hoher Bedeutung das Altertum ja auch durch Schaffung der $γῆ$ $μήτηρ$, der Mutter des Alls, Rechnung trug.

---

[1]) Geschichte der Pharmazie S. 242.

Inhaltsverzeichnis.

V. bedeutet Vorwort, [ ] = etymologische Angaben.

A

Aas 3[1]
— -Pflanzen 3[1]
Abacus 82
Abdampfen von Schwefelsäure 120
Abfallrohr 23
Ablauf 19, 20, 52
Abscheiden der Öle 77, 132, 137
Absorbieren von Gasen 106
Absinth 48
Abu Abdallah Dschafir al Sadik 25
Abu Bekr Mohamed Ben Zakerija el Razi 27
Abul Kasim 32, 74
Abu Musa Dschafir 25, 111
Acestides 11, 26
Acida 116
Acidité agréable 116
Acid. sulfuric 117
Activa instrumenta 14
Adam, Ed. 96
Aëtius von Amida 26
Agdah 32
Ägypten 20, 26[4]
Ähnliches verwandt 6
αἰθάλη λιβανωτοῦ 11
αἰθήρ 43
Ἀκακία 12[5]
Akazien-Gummi 12[5]
ἀκηδής 50
Akestiden 11, 26
Alambic, nouvelle construction 85
Alambics voyageants 137
Alambicus coecus 30, 31, 32
— rostratus 31, 32
Al ʿAmâ 28, 31
Al ʿAmjâ 28, 31
Alambik 51, 52
— turmähnlich 48
Al Anbiq Dât al Chatm 28
Al Aqdâh 28
Al Atâl 28, 32, 115
Al Atûn 29
Al Auwan 28[3]
Al Batn 28[1]
Al Butaqa 28
Alcara 28[3], 51
Alchemie 42, 120
— Kennzeichen 147
— trügerisch 147
Alchimiste, Le 132
Alechil 81
Alembik siehe Alambic
Alexander 17
Alexandria 25, 144[1]
Al Gaubari 38
a Hamâm al madmûm 31
Alkali minerale 107
Alkohol 35, 93
Alkoholisiert 35[1]
Al Kur 28
All, das 6, 143
Allegorie der Destillation 147
Alliaraeus 58[1]

Allium 17
Allonge 82
Al Mauqid 28
Al Mizza 35
Al Nâfich 29
Alonso Saavedra Barba 115
Al Quabila 28
Al Qanânî 29
Al Quara 28
Al Qawârîr 29
Al Salaja 29
Al Tabistân 29
Al Tannûr 33
Aludel 25, 32, 33, 115.
— -Ketten 32
— -Schnüre 111
Alumen 23[1]
Aluta 28
ἄμβιξ 12[2], 28
Ameisenwärme 91
Amerika, Nord- 141
Ammon carbonat 26
Ammoniak 26[1]
— -Absorbtion 106
Ammonium 3[2]
Amplexantes 57, 58
Ampoule 52[2]
Ampullen 52[2], 55
Amurca 144[1]
Anbiq 31
Anchusa Italica 36[1]
Andreasberg 114[2]
Anemius 32, [50]
Anis 30[1], 48
Anke 137[1]
Anthon 105[1]
ἀνϑρακεὺς 10
ἀνϑρακαυτὴς 10
Ἀνϑράκια 32
ἀντίχειρ σωλὴν 23
Antimon 35
ἀπόσταξις 23[3]
Apotheke 40, 59
— Kapuziner- 82, 83

Apotheke, Laborator., Dampfapparate 99
— — Destilliergeräte 99
— mangelhafte 74[1]
Apscheron 125
Apyron 23[1]
Aqua ardens 96
— A(u)rantiorum venalis 46, 48
— Cichorii 36[8]
— coelestis foetida 58[1]
— — virginea 58[1]
— eximie fragrans 46
— fortis 68, 82
— Hungarica 35
— mercurialis 58[1]
— Naphae 46
— quatuor florum cordialium 36[4]
— Violarum 36[4]
— vitae 35, 41, 43
— — simplex 63
Aquavit-Women 41
Araber-Art 36, 38, 81, 90, 96[1], 143
Arakà 130
Arak al Khamr 28
Ἀργιέλαια 12[5]
Arimaspi 115
Aristoteles 5, 7[2], 16, 18, 21, 145
Arnaldus von Villanova 35, 40, 49, 59
Aromatica 41
Arsen 32
— -Sublimation 111
Artemisia 48
Artifex hermeticus 56
Artificium hermetice stringendi 55
Arundo 19
Asbest 54
Asche, Erstehung aus. der 119
Aschenbad 22, 31, 67
Aschensalz 74[1]
Assakar 28
Assyrien 20
Athanasia 43
Athanor 31, 32, 50, 67, 93
Äther 42, [77], 96

Ätherisch [43]
Äthylnitrit 42, 96
Atramentum librarium 3
Ätzende Holzdestillationsprodukte 7
Aufbewahrung der ätherischen Öle 74, 76
Auffangerohre 11
Aufschließen der Körper 73, 76
Aufstellen der Vorlagen 80
Augsburg 49, 67
Auripigment 32
Aurum potabile 92
Ausbeuten an Öl 48
Ausblühen 107
Auslaugen 46
Ausscheidungen, tartarische 146
Aussüßen 46
Ausziehen siehe Extrahieren
Authepsa 29, 32, 33
Autoclaven 58
Avicenna 146

B

Backen 8.
Backofen 12, 59
— -wärme 91
Bad mit Dampfheizung 73
Badachsan 26[1]
Bäder s. u. Asche usw. 67
Bagdad 25
Baldrian 3[1]
Balkan 143, 144
Ballon 119
— -blasen 118
Ballons f. Säure 121
Balnea 61; s. auch Bäder
Balneum Mariae 22
— Maris 22
Balsame 17
Balsamkocher 18
Bamberg 135
Bambus 19, 128
Banausen 18
Bär 57[1]

Barba 32, 115
Barcelona 35
Barry 95[1], 100
Bas, le 132
Basiatio 58
Basra 25
Baudot, A. 48[3], 66[1], 135
Bauerdirnen 120
Baumé, A., 66, 79
Becher 32
Becher, Joh. Jak., 125
Bechergläser 32
Beckenkühlung 62
Beddoes 126
Behelfe 130, 137
Beindorff 87, 88, 99
Beleuchtungsgegenstände 33[1]
Bellifortis 73
Belon 100, 124
Benedictiner 41
Benzin 96
Benzoesäure 115
Berchile 32
Bernewyn 65[1]
Bernhardt 117
Bernstein 65[1]
Beschlagen 31, 33, 67
Beschränkung bei Geräte-Anschaffung 88
Berthelot 24
Berzelius 28[1], 31, 67
Beya 58[1]
Biringucci 62, 63, 64, 91
Birkenteer 59, 125
Bitumen Betulae 125
Blanchet 70
Blase (Tier-) 51, 125
— -balg 12, 29, 40, 51
— -tisch 56[1]
Blätterchen 52[2]
Blechschere 29
Bleierner Hut 61[3]
Bleiglasur 49[2]
Bleikammern 119

Bleiweiß 54
Blinde Ambik 32, 55
— der und die, 28
— Kolben 54
Blumenthal 96
Blut 54
— faulendes 3[1]
Böhmen 59
Bohnenmehl 138
Borago 36[1], 48, 135
Boerhave 82
Botia 51
Botrus 51
Bouilleurs 94
Bourgogne 48
Brandenburg, Joachim Friedrich von 21[1]
Brandopfer 16
Branntwein 65[1], 94
— -brennerei 94
— -destillat. im Gr. 85
— -pest 41, 42
Breathe 146[2]
Brennen 65[1]
Brenner und Brennerinnen 41
Brennzeug, gläsernes 65
Brevet auf Gerät 94[2]
Brotteig 90
Brühl 105, 107
Brûlerie 94
Brunschw(i)y(g)(c)k, Hieron. 43, 45, 49, 51, 53, 58
Buccia 32, 51, 52
Buchner, Joh. Andr. 88[3]
Büchsen-Pulver 65[1]
Buglossum 36[1]
Bulbula 38
Bulgaren 80, 81, 143
Bulkasis (s. a. Abulkasis) 32
Burghardt, G. H. 70
Bussen 65[1]
Bût eber B. 29, 111
Butaqa 27
Butter [137[1]]

C siehe auch K und Z.
Cajeput 137
Calamus 19
Calor naturalis 92
Caelum [4]
— philosophor. 52[2]
Calcinieren 61
Campana 117
Campanien 18
Campher 27, 135
— -destillation 133
— -säure 48
Calamus 19
Canalis 9, 19
Candelae 92
Capelle 10, 22, 25
Capella cinerea 31
Caphura 27, 48
Capillarität 15, 26
Capitella sibi imposita 32
Capua 17
Caput [29[1]]
— Aethiopis 61
— Arimaspinum 115
— Cyclopinum 115
— mortuum 46, 48, 68, 74[1]
Cara 51
Carbonarius 10
Carbones coquere 10
Cardamom 38
Cardanus 28[1]
Carminativa 41
Caryophylli 38, siehe auch Nelken
— abdestillierte 48
Cassel, Hofapotheke 74, 77
Cassiablüten-Destillat. 130, 134, 143
Caudata penula 90
Cedrus 13
Centifofie 18
Cerea 33[1]
Ceratio 32
Cereficatio 32
Cerebrum 146
Chabat 29[1]

Chalder-Welt 5
χαλκίον 23
Cham 20
Chapiteau 107
— aveugle 115[1]
Charas, Mos. 78, 79
Charha 51
Cheiri flores 36[3]
Chemiker Ztg. Cöthen 85[1], 127
China, Destillat. 20, 127, 130, 133, 141
χρυσοποιεία 21
Chyrotecae 48
Cichorie 36[5]
Cinder 122[1]
Cinnabaris 12
Citrus 14
Clavis mixtionis 120
Cli(y)ssus [120], 121, 125
— Sulfuris 119
Coagulieren 120
Co(a)k(e) 122, 126
Coelius Apicius 9[1], 22
Cognac-Destillation 96, 97
Cohobieren 46, 47, 48, 56, 73
Cokeofen 122, 126
Colcothar 50
Collum productius 82
Coelum siehe Caelum
Comes obsequii 27
Confortantia 41
Congelatio 32
Continuierliche Extraction 105
Coquere 6, 8, 124
Cordova, Kalender von 28
Cordus, Euricius 20
— Valerius 77[1], 96
Cornu cervi-Destillation 126
Cornue [56]
Corty 95
Cöthen siehe Chemiker Ztg.
Cucurbita 14, 19, 30
— coeca 32
— fundo globosa 52
— — lata 52

Cuines 68
Cydonia 20
Cypern 11
Cyperus 19
Cypressen 10

D

Dach 4
Dacht s. Docht
Dägen, schwarzer 59, 125
δάις, δάϊς 7
δάκρυον 7
Dambergis 23[2]
Dame Jeanne 51[2]
Damascus 25
Dampf 60
— -apparate 99
— -destillation 94
— — erste 72
— — fälschlich dafür gehalten 72
— Heiz- 73, 93
Dariot 64, 65, 66, 71, 72, 74, 84, 88, 94
Darius 17
Darmstädter, Ludw., Handbuch zur Geschichte d. Naturwissensch. u. d. Technik, 1908 117
Daru 26[1]
Dauerbrenner 49
Dee, John 21
Demachy, J. F., 62, 67, 68, 69, 77[5], 94, 117, 118, 122
Demijohn 51[2]
Dentiscalpia 76[2]
Dephlegmatoren 23, 62
Dephlegmieren durch Schwamm 63
— — Perlen 63
Descensorium 25
Destillateurin 21
Destillieren, Erklärung [19], 59, 144
Destilliergeräte mit Dampf 99
Destillierknechte 81
Destillatio calida 61
— humida 59

Destillatio obliqua 60, 68
— per arenam 61
— — ascensum 60
— — balneum roris 61
— — balneum vaporis 61
— — cinerem 61
— — descens(ori)um 14, 29, 59, 60, 74, 111
— — descens(ori)um calida 30
— — descens(ori)um frigida 30
— — filtrum 26, 30, 78, 79
— — formicas 91
— — inclinat. 60
— — limaturam ferri 61
— — limaturam martis 61
— — vesicam 61
— recta 60
— sicca 59
Destillation durch Wolle 15
— feuchte 59, 60
— im Großen 20
— — luftverd. Raum 94, 105, 106
— — Wasserstoff 105
Destillationszusätze 74
Destillieren in Apotheken 40, 83
— — Klöstern 40
— trocken 11, 59
— s. auch die einzelnen Gegenstände
Deutsche Tüchtigkeit 65
Deutsch stinkend Wasser 58[1]
Dichten 29
— mit Leinenstreifen 32
Diergart 20[2], 49
Digerieren 25, 54, 56, 90, 100
Digeriergefäß 43
— blindes 28, 31, 32, 54, 55
Dijon 48
Dimaschquî 26, 35, 37, 143
Dingler 87, 88, 89, 99
Dioskorides 8, 11, 12, 15, 18, 20, 21, 22, 39, 111
Diploma 24, 30
Dirham 38[1]
Distillatio = Destillatio

Döbereiner, J. W. 103, 105
Dochte 26, 78
Dominikaner 41
Dörren 6
Dossie 119[1]
Douille [92]
Drebbel 118
Dreifüße 80, 81
Dresden, Hofapotheke 49, 67
Drewo 15
Druck in Gefäßen 58
Dundonald, Earl of 125
Dunstan 58[1]
Dünste 2, 68
Dunstsammler 43
Dy(i)otae 55

E
Eau de Nafe, Naphe 36[4]
Edfu 20
Edulcorieren 46
Einbalsamieren 13
Einbuchtung 58
Eisenfeile 54, 67
Eisenoxyd 74
Eisenrost 40
Eisenvitriol, kalziniert 71
Eiweiß 54
Eiweißkitt 12[4]
Elemente, vier 69
— in die, zerlegen 100
Elephantenschnabel 56
Elicieren 46
Elisabeth von England 21[1]
El-ixir 39, 42
Elixir ad longam vitam 43
ἐλλύχνιον 92
Empedokles 6, 17[2]
Empirephma 71
Empyreumafreie Öle, darstellen 71
Endiviae 36[5]
Enfleurage 48
England, Elisabeth von 21
— Zinksublimation 111

— 155 —

Ens 43
Entfettungsmittel 117[2]
Entzündungen 145
ἐπιγηία 24
Ererbte Geräte 137
Erfindung der Salbendarstellung 18
Erlenmeyers Kolben 79
Ernsting, Arth. Conr., Nucleus totius medicinae 1770, 30, 32, 51, 57, 59, 60, 69, 76, 103
Erwürgen 32
Esprit recteur 43
— volatile 141
Esse 43, 119
Essentia [43], 48
— quinta [43] 48
Essentiell 43
Essig-Destillation 34
Euonymus Philiater 61, 62, 68, 69, 70, 78, 92
Euphorbium 7
Evangelista pharmacopoeorum 34
Exaltation 46, 107, 116
Excipiens 78
Excrementa 146
Exhalatio 46
Extrahieren 40, 54
— bei Luftverdünnung 100
— kontinuierliche 105
— mit Rückfluß 103
— der Tugenden aus den Heilstoffen 64
Extraktivstoffe, bittere und würzige 41
Exsudare 7

F
Fabrica 58[1]
Fabrikation in Klöstern 41
Faeces 46, 146
Fackeln 7[5]
Farnüß 12
Farsistan 18
Fässer, verpicht 108[2]
Fauler Heinz, siehe Heinz 50
Fäulung 76

Felssprengen 20[1]
Fenni 125
Fermentescere 76
Fermentum aureum 58[1]
Ferrum alcoholisatum 35[1]
Feuer, grade siehe Gradus und Ignis
— Prinzip 6
— griechisches 20
Feuerbaum 14
Feuerblasrohr 20[1]
Feuersetzen 20[1]
Fichten 10
Filioli 52[2]
Filtrare 78[2]
Filtrum per deliquium 30
Fimus 91
Firmament 4
Fistulae 19
Flaschen, langhalsige 29
Florenz 41, 79
Florentiner Flasche 79
Flores 107
Foculi 34
Formicas, per 91
Fornax [12]
Fornus 12
Foetisare 58[1]
Foetus spagyricus 58[1]
Four 12
Fourneau 12
Fournaise 12
Fraktionen 57[1], 69, 70, 92, 104, 105
Fraktioniergerät 57
Frankfurter Taxe 48[2]
Frankreich 48, 69
Friedrich I. von Hohenzollern 42
Fuligo 7
Füllöfen 49
Füllschacht 49
Fumarium 7
Fumo siccare 7
Furnus 7, 28
— Acediae [50]
— Incuriae [50]

G

Gädda 88, 90
Gadolin 85
Gagates 60
Galatia 10
Galeeren zu Scheidewasser 67, 68
— -Öfen 69, 93, 117
Galen 11
Galenus dat opes 41
Gallier 125
Galmei 40
Garaye, de la, Chymie hydraulique. Paris 1746
Gärung 76
Gasfabrikation 125
Gas, Holz- 124, 126
— Knochen- 126
— -Teer 126
— -Wasser 126
Gasometer 126
Gay Lussac 85
Geber 14, 25, 26, 34, 78, 111, 114
Geheimnisse, Buch der 28
Geist, saurer 123
Geister 31
Gelsomin 48
$γ\tilde{η}$ $μήτηρ$ 147
Geranium [57]
Geräte, erste 8
— aus Küchen- und Hausbedarf 80
— erste Destillier- 10
Gerstenalkohol 96[1]
Gesner, Conrad (Euonymus Philiater) 92[1], 95[1], 96[2], 100[1]
Geruch, Verbreitung 17[2]
Geschlecht der Geräte 31[2], 52[2], 57, 58
Gewölbe 4
Giftkanäle 26, 114
Giftmehl 114
Gifttürme 114
Giftwasser 58[1]
Gignere 58[1]
Gildemeister, E., V, 130[3]
Girardin 96, 124[1]

Gläserne Geräte 65
— — gegen Bruch 67
— — geboten 49
Glasbläser 56, 118
Glaspulver 54
Glasur 46[2]
Glauber, Joh. Rud., Furni novi philos. 1648 u. Pharmacop. spagyr. 1654 14, 55
Glut, volle 61
Gluten spagyric. aquilae 58[1]
Gmelin 71
Goldblättchen 92
Goldschmiede 29
Göttersagen 6
Göttling, Joh. Friedr. Aug., Einltg. in die pharmazeut. Chemie 1738 84, 119[1]
Grabaddin 34, 72
Grade des Feuers 34, 60, 61
Gradus ignis 34, 60, 61
Grassmann 234
Gravedo 175
Griechen, trügerische 144
Grundprinzip 6
Guajac 60
Guareschi, Icilio, Storia della chimica 64[2], 106
Gummi Arabicum 7
Gur 35[3]

H

Haare, Tier- 54
Hagel 5
Hagen, C. H. 26[1]; Lehrbuch der Apothekerkunst 1778 und später
Hager, H. 43, 115; Kommentar zu den Pharmak. 1845
Hagers Dunstsammler 43
— Extraktionsgerät 105
— Vacuumapparat 95, 100
— Vorläufer 95
$ἁγία$ $τέχνη$ 146
Hahnemann-Demachy 67

Hakka 129
Hakuka 127
Hales, St. 126
Halitus 60
Halq 36
Hälse 36
Hamburg 122[1]
Hammer 29
Hammerschlag 30[1]
Handschrift in Cassel 24
— in Paris 24
— in San Marco 23
Handschuhparfüm 48[1]
Hannibal 20[1], 76
Haraha 51
Harmkolben 52
Harz 7
Hasselquist 26[4]
Haupt 146
Häuser als Vorlagen 11, 119
Heber 78
— Stech- 62
— Winkel- 62
Hefe 74
Heiden, Anton de 46, 59, 92
Hein, Freund 50
Heinrich II. von England 96[1]
Heinz, fauler [50], 67
— roter 50
Helm 52
— Einbuchtung im, siehe Sims, Krempe, Einbuchtung usw.
— blinder 107
Helmkühlung 95
— mit Schnabel 28
Helmont, Joh. Bapt., 60; Ortus medicinae, Amsterdam 1648, 60
Heraklit 17[2]
Herauslocken, -saugen, -ziehen siehe extrahieren
Herbipolis 43, 135
Herd 28, 30
Herdfeuer 8
Hermes 6, 144

— Trismegistos 146
Hermetische Kunst 52
— Verschluß 31, 55
Herrenkolben 52
Hessen, Friedrich II. von 85
Hessen, Moritz von 21[1]
Himmel [4]
Hinrik 50
'Ιππάκη 137[1]
Hippokrates 145
Hippomanes 145[2]
Hirnschale 146
Hochheilige Kunst 146
Hoffmann V, 130[3]
Höfler 8
Hohenheim (Paracelsus) 77[1], 145, 146
Höhlen 4
Holland 118
Holzdestillation 7, 8, 9, 123
Holz-Essig 123, 124
— -gas 124
Homberg, W., † Paris 1715, 79
Honig 74
Horaz 19[2]
Hörnes 129[2]
Houses 11, 119
Howard 100
Huile claire 141
— de Soulfre 117
Humor(alpathologie) 145
Hütte 8
Hüttenbetrieb siehe Arsen 114
— -Rauch 11, 12, 113, 114
Hydra 57
Hyssopus 135

J (I)

Jacobs 65[1]
Jahja Ben Maseweih 32
Japan, Destill. 127, 133, 141
Jasmin 17[2], [48]
Iatrochemie 43
Iatro-Chemikers Hauptaufgabe 64
Ichthyol 14

Jericho 18
Jerichorosen 27[1]
Jerusalem, Tempel 18
Jesemin 48
Igniaria 17[3]
Ignis s. auch Feuer
— Artephii 61[1]
— blandus 61
— lentus 61
— parabolic 61
— lap. philosoph. 61
— sapientium 61, 91
— suppressionis 61
Incuria 50
Indien 20, 39
Indigofabrik 118
Infundibulus 77
Instrumenta activa 14
— nocturna 33[1]
— passiva 14
Joachim Friedrich 21[1]
Jordan 58[1]
Jorissen 83[1]
Irland 96[1]
Isis 22
Istachry 143[1]
Istichrâg 35
Itrîz 143
Juncus 19
Juniperus [14]
Jupiter Ammon, Oase des 3[2], 25
Justinian 27

K siehe auch C
Kabsch Qaranful 38
Kadmeia 11, 12
Kahlbaum 22[1]
Kalmücken 130
Κάλαμος 19
Kalender von Cordova 28
Kaliumchlorid 74
Kamelmist 26[4], 34
— -Feuer 25
Καμήνιον 21, 25

Kamillen 48
Kamin [21], 25
Κάμινος 10
Kammern als Vorlagen 11, 119
Κάννα 19
Kapillarität 63
Καπνίζειν 7
Κάπνος 7
Kaput gehen, schlagen 29[1]
Kapuziner-Apotheke 82, 83
Karthäuser 41
Käse [137[1]]
— riechender 3[1]
Κασσιτεροῦν 49[1]
Kastner 93
Katarrh 145, 146
Καταστᾳγμὸς 145
Κατάσταξις 23[3]
Κέδριον 141
Kedrion, Destillation 13
Κέδρος 15
Keramik 8
Κεροτάξις 34
Kerze 31, 91, 92
Kessel 30, 38
Kette, goldene, des Zeus 6
— — des Homer 6
Khamr 28
Kiefern 10
Kieniges Holz 17
Κιννάβαρι 12
Kitab al Asrâr 28
Kitt 12[3], 19, 30, 40, 54, 137
— feuerbeständiger 54
— Rezept, Preis 55
Klagk 74
Kleopatra 21, 32, 42
Κλίσσα 119
Κλίβανος 11[1]
Κλίσσος 119
Klöster 40
κνίσσα, κνίσσος 119
Knochendestillat 126
Knochenröhre 17

Knochenverkohlung 12[5]
Ko(a)kbrennen 12[5], 122, 126
Koch-(Dampf-)Apparate 99
Kochsalz 54, 74, 78
Kochtopf 30
Kochversuch, erster 68
Kochen bei Luftverdünnung 100
Kochl 35
Κόγχος 12[2]
Kohlen, tote 49
Kohlenbrennen 9
Kohlendampf 7
Kohobieren siehe Cohobieren 73
Kokosnußschale 137
Kolben 51
— mit Schnabel 30
Kolbenhals 52
Kölle 90
Kolophon 10
Κόλπος 4
Komanos 21
Komarios 21
Konfizieren 40
König 117
Königin der Blumen 143
Κῶνοι 15
Konstantes Niveau 30
Konstantin IV. 20[1]
Konzentrierte Wässer 45
Korinth 18
Kopf 146
— kalter 146
Körbe über Ballons 121
Körpervorgänge 145
Korsetts siehe Schnürbrüste 48
Koryza 145
Kosacken 129, 130
Kos 18
Koshti Apparatus 40
Kranwitholz 14
Kranzförmige Unterlagen 80
Kräutergärten 44, 47, 134
Kreidestopfen 54
Kreislauf der Elemente 6

Kremers V, 130[3], 138[1], 141
Krempe 23, 37, 132, 143, 144
Krimm 129
Krüge 31
Krummhals 56
Krünitz 129[1], 141
Küchenbehelfe 9, 130, 137
Küchenchemie 3
Küchengeräte 9, 130, 137
Küchenkunst 9[1]
Kufa 25
Kühlvorrichtungen 84, 88
Kühler, Rückfluß- 57
— Weigel-Liebigs 66
Kühlgefäß, wagerecht 66
Kühlung auf dem Alembik 19, 40, 50
— durch Becken 62
— — Schwamm 11
— — Rindsblase 61
— Schlangen- 51, 64
— Stockwerke hohe 62
Kühlwasser, oben ablaufend 51
Kuhmilch 40
Kulturen von Pflanzen 27
Kunckel, Joh. 56, 112, 113[1], 114
Kupferne Gefäße verboten 49
Kûr 31
Kürbis 14, 51
Kurpfuscher 49[3]
Kurtz 124
Kuwwa 33
Kütt siehe Kitt [20]
Kymia 51
Kyrene 18

L

Laborator. pharmazeut. 88
— Kapuz.-Apoth. 82, 83
— Universit. Altdorf 82
— — Leiden 83[2]
— — Utrecht 83
Lacke, Terpenthin- 141
Lacrima 7
Lac virgin. 58[1]

Ladanum 7
Ladenburg 71
Lag(o)enae 19[2]
Lagerfeuer 8
Lampadius, W. A. 121, 122, 126
Lampen 21, 31, 32, 92
Lana philosophorum 12[1]
Landerer 144[1]
Lateres 74
Laterinum, Oleum 74
Laterne 92
Lauge 65[1]
Lavendel 48, 135, 136, 137
Lavoisier, A. L. 100, 116
Lebensäußerungen 145
Lebenselexiere 41
Lebenswasser 25, 35
Leber 146
λέβης 21[3], 22
Lebon 94[2], 126
Lefêvre 77[5]
Leinenstreifen zum Dichten 34
Lémery, Nic. 28[1], 43, 47, 55[3], 57[2], 60, 66, 70, 72, 73, 74, 75, 99, 115, 116, 117, 118, 141
Lemongrasöl 80, 140
Lentz 104, 105
Leo ruber 58[1]
Leo viridis 58[1]
Leonardo da Vinci 15, 26
Leonhardi 120
Lerang 137
Levkojen 36[6]
Leybold Nachf. 105[2]
Libav, Andr. 30, 48, 52[2], 55, 56, 64, 67, 78[2], 81, 84, 87[1], 90, 91, 92, 115, 145
Liber servitoris 74
λίχανος σωλήν 23
Lichter 21, 32, 69, 92; s. a. Kerzen
Liebig, J. v. 67[1], 71, 84, 86
λιγνύς 3
Lilien 18
Limbek 146[2]

Linaloe 141, 142
Lippmann, Edm., O. v. 20[2], 22
Liquoristes 94
Livius 20[1], 76
Löffel abheben 138
Lonicer, Adam 35, 61, 70, 72, 144, 146
λοπάς 12[2], 23
Loricatio [67]
Lötrohr 55
Lowitz, Tob. 13, 63
Lucerna 33[1]
Lucretius Carus 4[1], 7[3], 17[2]
Luftpresse 95
Luftpumpe, Wasserstrahl- 105
Luftverdünnung 94
— durch Abkühlung 95, 100
— — Pumpe 94
Lullus, Raymund 96·
Luta 19, 37, [53]; s. a. Kitt
Lutum philosophos 54.
— sapientiae 54
Lychnuchum 92

M

Macbeth 145[2]
Macquer, P. J., Chymisches Wörterbuch, bearbeitet von J. G. Leonhardi, Leipzig 1781; 117, 119
Mädchen zur Arbeit 120
Mafâtîh al'Ulûm 28[3], 29, 31, 32, 34
Magisterium lapidis 34
Magellan 86, 88
Magen 146
Magdeburg 117
Magistrales 52
Mairan 17[2]
Majoran 18
Maisch-Vorwärmer 95
Maistre tuiau 23[2]
Makrokosmos 5
Mamoon 18
Mann, roter 58[1]
Manna coelestis 74

Marchasit 25, 110
Maria 22, 24, 57
Marienbad 22, 70
Markasit 25, 110
Masch'al 31, 91
Matara 51
Mater 43[1]
Materie, tingierende 23[1]
Mat(h)eras 52
Matracia 52
— coeca 54
Matthioli, P. A., 36[7], 37, 46, 49[2]
Matulae 52
Mayerne, de 115
Mebellum 52
$M\eta\delta\varepsilon\iota\alpha\varsigma\ \check{\varepsilon}\lambda\alpha\iota o\nu$ 26[5]
Megenberg, Conr. von 3, 7[2], 12, 59, 61[3], 65[1], 144
Megusa 129[1]
Mehl 54
Mehren 35[2]
Meiler 9, 125
Meiler, vervollkommneter 124
$\mu\acute{\varepsilon}\lambda\alpha\nu\ \gamma\rho\alpha\varphi\iota\varkappa\grave{o}\nu$ 3
Memphis-Inschrift 24[1]
Mensch, Destilliergeräth 146, 147
Menstruum [103], 120[1]
Menthol 129[1]
Mesue 15, 34, 74
Metretae 52
Mexiko 141
Michaelsberg 44, 135
$\mu\iota\varkappa\rho\grave{o}\varsigma$ 23
Milchrauschtrank 129, 130
Mineral-Zusätze 76
Minkeleers 126
Mirgal 30
Mist 26, 32[5]
— Kamel- 26[4]
— Ochsen- 26[4]
Mitscherlich, Eilh. 90
Mohr, Carl Friedr., Lehrb. d. pharm. Technik 1847; 103, 115
Mohrenkopfkühlung 51, 61, 63, 66, 141

Mollerat 124
Molucken 137
Mönch 51[2]
Montpellier 35
Moritz v. Hessen 21[1], 77
Moschus 38
Moschusweide 36
Motia 138
Mulierum opus 9[1]
Mustauqad 30
Mutajjan 31
Myrepsoi 17, 18
$\mu\acute{\upsilon}\rho o\nu$ 17
$\mu\upsilon\rho o\pi\acute{\omega}\lambda\eta\varsigma$ 17
Myrrha 7, 17[2]

N

Nachfüllvorrichtung 30
Nachttopf 52
Nanfa 36[4]
Naphe 36[4]
Naphte 123
— versüßte 17[1]
Narden-Wasser 27
Nares 145
Nase 3, 146
— kalte 146
Nasenlaufen 145
Nasus 113
Nasuta figura 90
Natrûn 29
Nau-scha 26[1]
Neapel 37, 45
Nebel [5]
Nebengeruch, störender 71
$\nu\varepsilon\tilde{\iota}\varkappa o\varsigma$ 6
Nelken s. Caryophilli
Nelkenöl 77; s. a. Olea
— Darstellung 74
$\nu\varepsilon\varphi\acute{\varepsilon}\lambda\eta$ 5
Nephtar 26[5]
Neroli 36[4]
Nestudar 26[1]
Neumann, Casp. 55, 73, 77[1], 78, 116

Nifl 4
Nitrum fixum 30
Nonne 51[2], 52[2]
Nordhäuser Vitriolöl 30[1], 37, 69, 93, 117
Nosadar 26
Nubes 4
Nürnberg, Nationalmuseum 42
— Verbot von Kupfergefäßen 49
Nuschâdir 26
Nusiadal 26[1]
Nymphaea 36[5]
Nysadir 26[1]

O

Oase Ammon 25
Oberscheden 80
Obturatoren 54
ὄχετος 9
Ochsenmist 26[1]
Ochsenzungenwasser 35
Ofen 28, 88[1]
— chymischer 50
— Füll- 49
— Meidingers 49
— schwedischer 49
— sich selbst blasender 29, 33
— Wind- 50
Officinae 77
Ölbaumblüten 12[5]
Öle s. a. Olea u. unter den Namen der Rohstoffe
— äth., Aufbewahrung 74
— — Darstellung 74
— mangelhafte 74[2]
Olea aquae innatant. 77, 78
— aether. [77]
— Asphalti 60
— Buxi 60
— cadinum 14
— Caryoph. 30, 60
— Cerae 74[1]
— de Chalcantho 77[1]
— cocta 18

Olea Cornu cervi 60
— essentialia 78
— fundum petent. 77, 78
— Gagates 60
— Heracl. ligni 60
— Juniperi oxycedri 14
— de lateribus 15
— mirabile 35
— philosophos 15
— Rusci 60, 125
— sanctum 60
— sapientiae 15
— Succini 60
— Sulfur. p. campanam 117
— Tartari p. deliquium 30
— Vini 77[1]
— Vitrioli 48, 74, 117
Onbelcata 51
Onbelcora 51
Opferaltar 8[1]
Opium 7
ὀπτᾶν 8
Orangenblüten 36[4]
Oribasius 14.
Orientalisches Vorbild 96[1]
Orsini, Herzogin Flavio 36[4]
Österreich 39
Ostr 137
Ouvrir les corps 73
Ova vitrea 32
Ovum philosophor. vitreum 52
οὐράνεα 24
οὐρανὸς 24
οὐσία 43

P

Palingenesie 119, 120
Palmarosa, 138, 139
Panacea 43, 146
Panem, per 91
πάντα ῥεῖ 6, 144
Papins Digestor 58
Pappel-Salbe 59
Parabolas, per 92

Paracels. 64, 145; siehe Hohenheim
Paré, Ambr. 49[1]
Parfüms 17
Parfüm für Handschuhe 48
— für Schnürbrüste 48
— für Tiere 3[1]
Paris 35, 62
Paris, Kapuziner-Apotheke 82, 83
— — National-Bibliothek 21
Parkes 62, 122, 125, 126
Parmentier 94
Passiva instrumenta 14
Patana-Yantram 39
Patella 12[2]
Patent auf Kokeofen 126
Pech 7, 10[2]
— -brenner 124
— -Hütten 124
— -schmelzen 59
Pelikan 57
$\pi\eta\lambda\grave{o}\varsigma$ 12[2]
Penula 90
Pepsin 8
Pepton 8
Pepys 126
Perfectio 34
Per fumum 8
Periyar 140
Perser 17
$\pi\acute{\varepsilon}\sigma\sigma\omega$ 8
Peters, H. 73[1]
Petroleum 74
Petrolkanister 141
$\pi\varepsilon\acute{v}\kappa\eta$ 7
Pewterer 49[3]
Pfefferminze 71, 127, 128, 129
Pfeiffer 123
Pferdedünger 61, 91
Pflanzenauszüge durch Digestion 17
Pharmazie 9[1]
Phiale 23, 25, 52, 74
Philippi 18
Philosoph. Kunst 42, 146
— Regel 120

Phiolen 29, 32, [52], 55[3]
Phipps, Lord 88
Phlegma [62], 77, 145
$\varphi\lambda\acute{o}\xi$ 62
Phosphor 122
Phosphorsäure 117
$\varphi\tilde{\omega}\tau\alpha$ 21, 32, 91
Physica 42
Phytochemie 73
Phytochemie, Begründer 47
Picaria officina 10
Picem coquere 10
Piger Hinricus [50]
Pips [145]
Pirotechnica 91
$\pi\acute{\iota}\sigma\sigma\alpha$ 15, 17
Pisselaion 10, 15, 141
$\pi\iota\tau\tau\sigma\nu\varrho\gamma\grave{o}\varsigma$ 10
$\pi\iota\tau\tau\sigma\nu\varrho\gamma\varepsilon\tilde{\iota}o\nu$ 10
$\pi\iota\tau\tau\sigma\nu\varrho\gamma\acute{\iota}\alpha$ 10
Pituaia 10
Pituita 145
$\pi\acute{\iota}\tau v\varsigma$ 10, 15
Pityusa 10
Pix 7, 15
— liquida 15
Plantago 48, 135
Platinageräte 120
Platon 6
Plinius 10, 12, 13, 14, 16, 18, 21, 29, 40, 49[1], 90, 125
Plumbata vasa 49[2]
Plutarch 9[1]
Pluvius 5
Pneumatische Wanne 126
$\pi\nu\iota\gamma\varepsilon\grave{v}\varsigma$ 10
Pompeji 14
Pompholyx 11
Porta, Giov. Batt., De distillatione Rom 1609; 29[1], 36[1], 45, 48, 51, 56, 57[1], 61, 70, 79, 117, 120, 146
Pott, Joh. Hch., 92
Prennen [65]
Preston-Pans 120

Primum ens metallorum 23
Puff, Mich., 43
Pumpe 77
Putrefizieren 54, 56, 76, 90
πυρεῖα 7[3]
Pyronomia 91
Pyrotechnica 63, 64

Q

Qadah 31
Quadus 28[3]
Qandil 29, 91
Qaranful 38
Qarûra 27
Quatuor semina frigida min. 36[5]
Quecksilber 39
Quecksilberchlorid 23
Quecksilberdestillation 12
Quecksilbersublimat. 111
— in England 111
— — Idria 111
— — Peru 111
Quercetanus, Jos., Pharmacop. dogmaticorum restituta, Paris 1603 und später 60, 65, 73, 74, 76, 77
Qidr 38
Qinnîna 29
Quinta essentia 73, 100, 118
Quitte 20
Quittenblüten 18

R

Raikow 105
Ralla 77[1], 96
Rad. Althaeae 76[2]
— Liquir. 76[2]
—· Malvae 76[2]
Rasaratna samucchaya 39
Ratl 38[1]
Rauchfänge 32[1]
Ray, Pr. Ch. 39[2]
Reber, Burgh. 83[1]
Receptacula (Vorlagen) 17, 51, 78
Recrementa 146

Recipiens 78
Regen 4, 5
Reibestein 29
Reichenstein 114[2]
Reif 5
Reinhart 140
Reiskleie 54
Reismehl 54
Rektifizieren 46, 96
Remora 82
Renodaeus, Jean, Instit. pharmaceut. libr. VI 1609. 92
Resina 7
Resuscitatio 119
ῥητίνη 7
Retorte 26, [56], 57
— eiserne 126
Reverberieren 61
Rezeptbücher 19
Rhazes (Abu Bekr Mohamed Ben Zakerija el Razi), [Liber medicinalis, Basel 1563. 27, 28, 30, 54, 55[1], 90, 146
Rheuma 145
Richmond 118
Rindsblasenkühlung 61
Ring des Platon 6
Ringkuhl 120
Rinne 143
Riviera 135
Roch le Baillif 119
Roebuck 120
Röhrlein, so Wasser ziehen 62, 78
Rokeach 18
Romershausen 95
Rondelet 64
Rosen 18, 48, 135
Rosenbrennen 61[3]
— Destillation von 65[1], 143[1]
Rosenhut 37, 43
— iraqische 38
Rosenknospen 38
Rosenöl 19, 143, 144[1]
Rosenpreis 35[3]

Rosensaft 143[1]
Rosenwasser 18, 27, 28, 35, 37, 93
— Rezept 38
ῥόσος 5
Rösten 8
Rotz 146
Rouen 96, 118
Ruchstoffe, ihre Entdeckung 3
— vor störenden Einflüssen zu bewahren 17[2]
Ruchwasser 27, 28, 35
Rückflußextraktionsgeräte 103
Rückflußkühler 57, 62
Rückstände zum Destillieren 48
Rumford 93
Runge 127
Ruß 3, 11, 124
Rußbutten 124
Ryff, Gualtherius (Walther), Destillierbuch, Frankfurt 1567. 15

S

Sagae 43
Sagaier 130, 131
Saigern 30
Saigervorrichtung 29
Saladin 18
Sal Alkali 74
— armoniacum 26[1]
— digestivum Sylvii 74
— mirabile 74
— Tartari 30
Salben 16
— -darstellung, Erfindung 17, 18
— -schrank 17
Salerno 35
Salia acida 74
Salmiak 26, 32
Salpetersäure 25, 96
Saluzzo 106, 109, 110
Salvia 48, 135
Sambucus 19
San Marco 21
Santa Maria Novella 41

Saporta 64
Sarmaten 125
Säure, Essig- 25, 34
— versüßte 77[1]
Savonarola 62
Scammonium 7
Scamna 81
Schallverbreitung 17[2]
Scheere 55
Scheidevorrichtung s. abscheiden
Schießpulver 65[1]
Schiffs-Destillation 87
Schiffe dichten 10[2]
Schildkröte 57[1]
Schimmel & Co. 100, 101, 102, 128, 129[1], 140 141
— Verlagswerke, V.
Schimoyama 129[1]
Schin I Ho 129[1]
Schiras 18, 53[3], 143[1]
Schlacke [29[1]]
Schlackenhalden 30[1]
Schlangenkühlung 51, 64
Schlauch 28
Schlauchähnliche Deckel 32
Schleim 146
Schmelztiegel 28
Schmieder, C. Chrph., Geschichte d. Alchemie, Halle 1832; 24[1]
Schmiedezange 55
Schnabel 30, 31, 56
— -kühlung 63
Schnaps 41
Schnauzenförm.-Ablaufrohr 40
Schnee 5
Schnupfen 145
Schnürbrustparfüm 48
Schornsteine 26
Schraubtischchen 82
Schrick 43, 44 (siehe auch Puch)
Schröder, Joh. Pharmacopœia medico-chymica 1669; 28[1], 59, 77, 117, 119[1]
Schröpfköpfe 19, 28[3], 51

Schutz vor Springen 67, 80
Schwammkühlung 51
Schwanz 28, 31
Schwefel 32
— -äther 77[1]
— -fäden 52
— -kitt 12[4]
— -kohlenstoff 121
— -säure 25, 96
— — englische, Preis, 120
— — -fabrik 118
Schweineblasen 126
Schwelprodukte
Secernieren, Abscheiden
Secretis, de 28[1]
See 4
Seefelder Teer 14
Seerosen 36[2]
Seewasserdestillation 16, 88
Sell, E. 70
Sels volatiles 116
Sem. Scariolae 36[5]
Separator 77
Separieren 71
Seplasiarii 17
Serapion 48
Serpentine 68
Setsusaburo Tanaka 128
Shakespeare 48[1], 49[3], 146[2]
Sicherheitsrohr 96
Siedekölbchen 71
Siedepunkt, verschiedener 69
Sigillum Hermetis 55
Signa naturae 6
Signatura Hermetica 55
σικύα 51
Silberglätte 54
Simhagupta 39
Simhagupta 39
Similia similibus 6
Sims 23, 37, 52, 143, 144
Siphon 96
Sirupe 34
— aus Ölen 74

Smola 124
Smolarz 124
Smyrna 144[1]
Sohn des Tiegels 29
σολῆν (σωλῆν) 24
Solutio 34
Solvieren 120
So(n)fia 138
Sonnenwärme 92
Sordes 29[1]
Soxhlet 103, 105
Spagyrisch 58[1] [120]
Spallanzani 39
Speter 85[2]
Spezial-Brennzeugmacher 67
Spiauter 49[3]
Spicken 92[1]
Spiegel zum Auffangen der Sonnenstrahlen 93
Spielmann, Jac. Reinbold, Pharmacopœia generalis 1783; 26[1]
Spiritus campanarius 118
— mineralis 61
— Salis 74
— Sulfuris 117
— — Clossaei 117
— Vini 96
— Vitrioli dulcis 96
Sprengen 52
— -ring 52
Springen, Schutz vor 67, 80
Staffelweise Aufstellung 38, 46, 47
Ständer 81
Stapleton 26[2]
Stark 117
Stechheber 77[5]
Stehkolben 52
Steinkohle, Destillation 122, 126, 127
— -Öl 123
— -Teer 124[2]
— -Verkokung 122
Stein zum Reiben 29
Stein der Weisen 42
Steinöl 26[5]

Sterilisieren 39
Sternanis-Destillation 130, 132, 133, 135
Steuer auf Alkohol 42
Stillatoria anguinis 64
Stillatory 146[2]
Stomachica 41
Stopfen 54
Storchschnabel, Abb. 27, 56
Storm, Georg 49, 67
Stramen tortum 81
Straußenmagen 58[1]
Streitkolben 19
Stridden 81
Strohkränze 51, 81
Struve 93
Suber montanum 54
Sublimation 11, 39, 107
Südfrankreich 44
Suhâla 54
Sulfur 23[1]
— philosophor. 53[1]
Superius et inferius Hermetis 6
Sustentacula 81, 82, 85
Synthese 10, 120
συρροή 9

T

Tabula Smaragdina 144
Tachen, O. 116
Tachnîq 32
Taeda 7, 13, 33[1]
τάριχος 7
Tartar. Ausscheidungen 145, 146
Taschmi 34
Taschwija 32
Tau 3
Teer 12[1], 124
— -destillation 12
— Seefelder 14
— Steinkohlen- 124[2]
Teilchen, kleinste Riech- 17[2]
θεῖον 23[1]
Temperiert Feuer 70

Tendo(u)r 33
Teniers 132
Tennant 95[1]
Tennor 33
Τερεβινθος 15
Τέρμινθος 15
Terpentin 10, 15
Terpentinöl 35, 70, 74, 141
τερσαίνειν 7
Tervahauta 125
Tesca 117
Testudo 57[1]
Thales 4
Theophrast 9, 12, 18, 24, 49[1], 125
Thermospodium [22], 24
Thoraces 48
Tibiae 17
Tiegel 29
— Sohn des 29
Tierische Wärme 91
Tille s. Tülle
Tingir 38
Tiryakpatana Yantram 40
Tischchen 81
Ton 31, 33, 40, 46[2], 138, 141
— Beschlagen mit s. Beschlagen
— der Weisheit 54, 111
— -dichtung 29
— -einlage 34
— gebrannter 54
— -gefäß 67
Tonkin 132
Töpferei 8
Trachter 77[3]
Tractarius 77[3]
Trajectorium 77[3]
Transferendi liquores 78[2]
Transmutation 6, 144
Transsudatio 30
Travankore 80, 140
Trechter 77[3]
Trennung der Körper 64
Τρίβιχος 24
Tribicus [24[2]]

Tributzahlung 18
Trichter [77], 138
Trinkbecher 28
Tripedes 81
Tripodes 81
Tritorium 77
Tritton 94, 100
Troja 17, 19
Trommsdorff, J. B. 88[2], 93
Tropfensammlung 23
Trostspiegel, Meister des 43, 51
Tschirch, A. 125, 141
Tuberculin 52[2], 55
Tubi 19
Tubulus 79, 107, 126
Tüllen [92]
Turkmenen 130
Turquet 115.
Tyro 65
Tyrrhenien 10

U

Udid 138
Uisge-beatha 96[1]
Ulstadt, Phil. 35, 49, 52[2], 55, 62
Umbilicata 51
Unguenta s. Salben
Unguentarii 18
Unio virtutum plantae 119
Universal-Tinktur 42
Universum 5, 6, [144]
Unterlagen 81
Unterlage von Ton 30
Urall 144
Ureins 144
Urin, fauler 26[1]
Urinale sublimator. 52
Urinalia 32, 52
Ursus 57[1]

V

Vacuumapparate 95
Vaisseaux de rencontre 57[1]
Vapores 60

Varunas 4
Vaterländ. Destill. 137
Veilchen 48, 52[2], 135
Venedig 26, 37, 46, 67
Venter equinus 91
Ventori Bened. 49[1]
Verbreitung von Geruch 17[2]
— — Gesicht 17[2]
— — Schall 17[2]
Verbrennungsgase 7
Verfälschung der Drogen 60
Vergil 145[2]
Verkitten s. Kitten 30
Verlängerung des Halses 82
Verpuffung 119
Verschluß, hermet. 55
Versüßt 77[1]
Verzinnte Gefäße 49
Villanova s. Arnaldus
Vinca 48
Violen s. Veilchen
Virginien 141
Viridarien 44
Virus ab inguine 145[2]
Vitriolsäure 117
Vitro incrustare 46[2]
Vitruv 12[2], 49[1]
Vorlage 28, 78
Vorlage für Fraktionen 105, 107
Vorlagen f. Gase 106
Vorstoß 82
Vorwärmer 95

W

Wacholder 10, 15
Wacholderholzöl 34
Wachsstopfen 54
Wagenschmiere 59
Wahrzeichen, Flaschen- 19[2]
Waitz, v. 120
Walter, Ph. 71
Warmbrunn und Quilitz 105, 106
Wärmegrade 90
Wärmequellen, Grade der 60

Warmes Wasser lauft oben ab 66
Wasser des Lebens 96[1]
— deutsch stinkend 58[1]
— konzentriertes 46
— Prinzip siehe Aqua 6
— Narden- 27
— Rosen- 27, 28[3], 30
— Ruch- 27
— styptisches 123
Wasserbad 22, 34, 70
Wasserblei 54
Wasserbrenner 41, 49
Wasserbrennerinnen 41
— geschworene 43
Wasserdampf beladet sich mit Öl 15
Wasserleitungen 66, 114
Wedel, Joh. Wolfg. 82
Weib, Destilliergerät 147
— trügerisch 147
— weißes 58[1]
Weigel, Chrn. Ehrenfr. 84, 85, 86
Wecker, Joh. Jac., Antidotar. generale, Basel 1553. 28[1]
Weihrauchruß 8[1], 11, 19
Weinbrennen 61[3], 65[1]
Weindestillation 16, 25, 34, 35, 92
Weingeistlampe 92
Weinschenken 19[2]
Weinschwefelsäure 117[2]
Weinsteinspiritus 126
Welt 5
Wesen(tliche) Öle [43]
Wesentliches 73
Westrumb, J. F., Handbuch f. d. Anf. der Apothekerkunst, 1795. 60, 107, 109.
Whisky [96[1]]
Wiedeman, Eilh. 27, 35[2], 36, 37, 93, 143
Wiedererweckung 119

Wiedergewinnen des Lösungsmittels 105
Windofen 21, 33, 50, 51
Wintergreen 141
Wischnu 18
Woulfe, Pet. 107, 108
Würzburg 44, 135
Würzen für Speisen 46

Y

Yantra 39

Z

Zahnstocher 76[2]
Zahnpinsel 76[2]
Zahnbürsten 76[2]
Zange 55
Zarnich 32
Zedern 10
Zeise 93
Zelt 4
Zerlegen in die Elemente 100
Zibl 26
Ziegelbrocken 74
Ziegelsteinöl 15
Zimmer 119
Zink 40, 49[2]
Zinkoxyd 11
Zinksublimation 111
Zinnsublimation 107
Zinnerne Gefäße 49
Zinnober 26
Zirkulation 25, 46, 57, 99
— moderne 100, 105
Zirkuliergefäße 96
Zosimus 21
Zucca 51
Zuckerabdampfgerät 100
Zuckergläser 32
Zucker, roh 40
Zusätze bei den Destillationen 74, 76

Geschäftsdruckerei Schimmel & Cº, Miltitz bei Leipzig.

MIX
Papier aus verantwortungsvollen Quellen
Paper from responsible sources
FSC® C105338

If you have any concerns about our products,
you can contact us on
ProductSafety@springernature.com

In case Publisher is established outside the EU,
the EU authorized representative is:
**Springer Nature Customer Service Center GmbH
Europaplatz 3, 69115 Heidelberg, Germany**

Printed by Libri Plureos GmbH
in Hamburg, Germany